MON CHIEN CHEZ LE PSY

50 COMPORTEMENTS INTRIGANTS
expliqués aux maîtres

SOPHIE COLLINS

MON CHIEN CHEZ LE PSY

50 COMPORTEMENTS INTRIGANTS
expliqués aux maîtres

Traduit de l'anglais par
Danielle Charron

Les Éditions
Transcontinental

Les Éditions Transcontinental
1100, boul. René-Lévesque Ouest, 24ᵉ étage
Montréal (Québec) H3B 4X9
Téléphone : 514 392-9000 ou 1 800 361-5479
www.livres.transcontinental.ca

Pour connaître nos autres titres, consultez le www.livres.transcontinental.ca.
Pour bénéficier de nos tarifs spéciaux s'appliquant aux bibliothèques d'entreprise ou aux achats en gros, informez-vous au 1 866 800-2500.

Catalogage avant publication de Bibliothèque et Archives nationales du Québec et Bibliothèque et Archives Canada
Collins, Sophie
Mon chien chez le psy
Traduction de : *Why does my dog do that?*.
ISBN 978-2-89472-558-0
1. Chiens - Mœurs et comportement. 2. Chiens - Psychologie. I. Titre.
SF433.C6414 2011   636.7'0887   C2011-941478-3

The translation of *Why does my dog do that?* originally published in English in 2008 is published by arrangement with THE IVY PRESS Limited.
Titre original : *Why Does My Dog Do That?* Publié en français pour le marché de l'Amérique du Nord avec l'autorisation de THE IVY PRESS Limited. Tous droits réservés.
© The Ivy Press 2008

Conception graphique : Annick Désormeaux
Infographie : Diane Marquette
Illustrations de chiens : © 2011 Boris Zaytsev
Conseil vétérinaire : Dr Shawn Messonnier
Traductions et adaptation : Danielle Charron
Correction : Sabine Cerboni

Impression : Transcontinental Métrolitho
Imprimé au Canada

© Les Éditions Transcontinental, 2011, pour la version française publiée en Amérique du Nord
Dépôt légal – Bibliothèque et Archives nationales du Québec, 3ᵉ trimestre 2011
Bibliothèque et Archives Canada

Nous reconnaissons l'aide financière du gouvernement du Canada par l'entremise du Fonds du livre du Canada pour nos activités d'édition. Nous remercions également la SODEC de son appui financier (programmes Aide à l'édition et Aide à la promotion).

Les Éditions Transcontinental sont membres de l'Association nationale des éditeurs de livres.

SOMMAIRE

Introduction   6

CHAPITRE UN
Du chiot à l'adulte   8

CHAPITRE DEUX
Une vie de chien   40

CHAPITRE TROIS
Votre chien et vous   72

CHAPITRE QUATRE
Résoudre les problèmes   98

INTRODUCTION

Si vous avez un chien, vous savez déjà qu'il est capable de s'adapter à votre mode de vie. Il vous accompagne volontiers si vous faites quelque chose qui l'intéresse et il dort le reste du temps. Mais vous connaissez peut-être moins son côté strictement canin. « Pourquoi, diable, fait-il cela ? » vous demandez-vous parfois. C'est justement à ce genre de questions que ce livre tentera de répondre. Vous verrez que plusieurs des comportements de votre toutou s'expliquent par la façon dont il est programmé ou, si l'on veut, par le code génétique qui en fait un chien et non un être humain.

Les chiens composent bien avec de nombreux aspects de la vie qui leur sont étrangers. Ils savent quels comportements humains ils doivent comprendre ou, au contraire, ignorer. Ils sont remarquablement souples, beaucoup plus en fait que les êtres humains. Il est évident que le chien prend son maître comme il est, alors que ce dernier a tendance à interpréter de façon un peu trop rigoureuse le comportement canin. Cela donne lieu à des malentendus parfois comiques, parfois sérieux, voire graves. Ainsi, un chien pourra passer pour irritable, imprévisible ou même agressif, alors qu'il aura simplement communiqué d'une façon naturelle pour lui.

Il est donc non seulement intéressant, mais important, de comprendre les comportements qui vous ont toujours déconcerté. Dans ce livre, nous aborderons les questions que tout propriétaire de chien se pose : pourquoi mon chien tourne-t-il sur lui-même avant de se coucher ? Pourquoi s'éloigne-t-il de moi quand j'essaie de le serrer dans mes bras ? Pourquoi doit-il toujours flairer une certaine extrémité des autres chiens ? D'autres questions vous paraîtront plus inhabituelles, mais chose certaine, nous passerons en revue la majorité des comportements qui vous intriguent. Et si vous vous vantez de traiter votre chien comme un chien et non comme un substitut d'être humain, vous serez surpris par certaines réponses. En fait, ce sont vos propres agissements que vous serez amené à remettre en question. Après tout, si votre chien se comporte comme un canidé, vous vous comportez certainement comme un hominidé, autrement dit comme un grand singe évolué. Plusieurs de vos comportements (travail manuel, communication incessante, particulièrement par l'expression du visage) sont, osons le dire, assez simiesques.

Dans les pages qui suivent, vous en apprendrez beaucoup sur le comportement canin et les relations entre chiens et êtres humains. Il vous suffira ensuite de trouver un moyen de faire comprendre à votre chien pourquoi *vous* vous comportez comme vous le faites.

1
DU CHIOT À L'ADULTE

✷ Les chiots apprennent énormément en un très court laps de temps. Sourds et aveugles à la naissance, ils commencent à voir et à explorer au bout de deux semaines. Dès lors et jusqu'à ce qu'ils atteignent l'âge adulte, soit un ou deux ans plus tard, ils font des progrès fulgurants et suivent une trajectoire jalonnée d'étapes importantes. Mais ils ne deviennent pas tous matures au même âge ; certaines races de gros chiens, par exemple, sont plus lentes. Apparemment, la période cruciale pour le chiot débute au moment où il quitte sa mère pour se joindre à sa nouvelle famille humaine — ce qui se produit habituellement quand il a environ huit semaines — et elle se termine à l'adolescence. Le premier mois loin de la famille d'origine est décisif : il faut s'assurer que le chiot vive le plus grand nombre d'expériences positives possible. C'est à ce moment qu'il développe ses habiletés de socialisation, et il réagira mieux à l'inconnu plus tard s'il constate que les situations sont le plus souvent agréables. Les propriétaires de chiens trouvent cette phase difficile, mais la plupart considèrent qu'elle vaut la peine d'être vécue.

POURQUOI MON CHIOT PASSE-T-IL SON TEMPS À SE GRATTER ET À BÂILLER PENDANT SES SÉANCES D'ENTRAÎNEMENT ?

Q

« À la maison, mon chiot Roxy est enjoué, sûr de lui et intéressé à tout. Mais durant ses premières séances de socialisation et d'entraînement, il a passé beaucoup de temps assis et il n'a pas arrêté de se gratter (ce qu'il ne fait jamais en temps normal). Lorsque je l'ai incité à se joindre aux autres chiens, il s'est mis à bâiller. Avait-il soudain des démangeaisons ? Était-il fatigué ? Quel est le problème ? »

R

Votre chiot est probablement prudent et indécis. Et dans cette situation nouvelle pour lui, il était sans doute stressé. En bâillant et en se grattant, il a envoyé un message d'exclusion aux autres chiens. Les experts ne s'entendent pas tout à fait à ce propos : les uns affirment que le chien adopte ce comportement exprès, pour signifier son malaise, tandis que les autres soutiennent que c'est un comportement instinctif que les autres chiens ont appris à reconnaître (un peu comme les humains savent qu'une personne qui gigote sur sa chaise n'est pas à l'aise). **Lorsqu'un chien bâille ou se gratte, il signifie qu'il n'a pas envie que les autres chiens s'approchent de lui ou cherchent à faire sa connaissance.**

Il est possible que Roxy retombe sur ses pattes en peu de temps, qu'il retrouve son assurance et apprenne à apprécier ses séances de socialisation. Mais certains chiots, surtout ceux qui n'ont jamais rencontré beaucoup de chiens, ne s'y font jamais. Si le vôtre n'a toujours pas l'air à l'aise après deux ou trois essais, pensez à le mettre en contact avec un ou deux chiens à la fois, dans une aire ouverte où il aura plein d'espace. Pensez aux gens de votre entourage qui ont des chiens adultes, calmes et amicaux qui ne sont pas facilement déroutés, car ce ne sont pas tous les chiens qui supportent les chiots. Ces rencontres aideront Roxy à gagner en confiance et à ne plus être aussi intimidé par la proximité avec plusieurs chiens.

* **EN BÂILLANT**, votre chien indique à ses semblables qu'il ne cherche pas à s'imposer et qu'en fait il est intimidé par son nouvel environnement.

* **PRÉSENTEZ VOTRE CHIOT** à des chiens adultes calmes et amicaux pour l'aider à se sentir en confiance.

AUTRES ESPÈCES

Plusieurs animaux et oiseaux se mettent à se laver quand ils ne sont pas à l'aise. Si vous faites de l'observation d'oiseaux et remarquez qu'un spécimen commence à se nettoyer, à lisser ses plumes et à s'essuyer le bec frénétiquement, vous devez comprendre que vous êtes trop près de son nid. La plupart des propriétaires de chats reconnaissent également un certain rituel félin qui porte à croire qu'en cas d'inconfort il suffit de se laver.

POURQUOI MON CHIEN EST-IL SI SÉVÈRE AVEC MON CHIOT ?

Q

« Récemment, nous avons adopté Sam, un chiot de trois mois (un sauvetage non planifié). Il semble bien s'entendre avec Leila, notre chienne de cinq ans qui est habituellement très douce et relax. Toutefois, quand il cherche trop à s'imposer, elle le corrige sévèrement. Parfois, il couine et pousse de petits jappements, et nous avons l'impression qu'il a peur. Pourtant, nos deux chiens se blottissent l'un contre l'autre pour dormir dans la soirée. Devrions-nous nous inquiéter ? Pourquoi notre chienne se comporte-t-elle ainsi ? »

R

À moins que Leila fasse vraiment mal à Sam, vous n'avez probablement pas à vous en faire. Il est dans la nature des chiens de corriger les chiots et de leur enseigner les bonnes manières (souvent plus efficacement que ne le font les êtres humains). Généralement, cela ne pose pas de problème. Parfois, il est même amusant de voir un chiot chercher à tester son aîné avant de se faire rabrouer. **Un chiot qui reçoit une petite correction peut faire tout un ramdam.** Mais si vous observez attentivement Leila, vous verrez que même si elle fait claquer sa mâchoire, il n'y a aucun danger pour Sam.

Lorsque Sam sera plus âgé, Leila pourra lui donner ce que les behavioristes appellent une morsure de correction, soit une morsure rapide mais pleinement contrôlée. Sam la sentira, mais sa peau ne sera pas transpercée.

Les chiens sauvages doivent se débrouiller tout seuls pour établir l'ordre au sein de leur société ; ce sont les chiens adultes qui enseignent aux chiots les habiletés dont ils ont besoin pour survivre. Après la naissance, cette tâche incombe uniquement à la mère. Au début, elle imposera sa discipline tout simplement en sevrant ses petits. Elle se mettra à les traiter un peu plus rudement à mesure qu'ils vieilliront. Elle pourra les mordiller s'ils dérogent aux règles. Et les autres chiens adultes pourront aussi s'en mêler.

En apprenant qu'il ne peut pas tout faire à sa guise, Sam aura plus de chances de devenir un adulte poli. Si, en toute honnêteté, vous trouvez que Leila le corrige trop sévèrement, ne les séparez pas, car le petit en conclura qu'il ne peut pas régler ses problèmes tout seul. Essayez plutôt de les distraire en jouant avec eux ou en leur faisant faire un exercice d'entraînement simple. Ainsi, ils seront obligés de porter leur attention sur autre chose. Ce sera également l'occasion de leur rappeler que c'est vous le chef.

✶ C'EST AU CHIEN AÎNÉ qu'il revient de ramener le chiot impudent à l'ordre et de lui enseigner les règles sociales de sa nouvelle famille.

AUTRES ESPÈCES

Les animaux qui vivent en bande enseignent à leurs petits les habiletés qu'ils ont besoin de connaître. Si le chien domestique enseigne les bonnes manières au chiot, dans les meutes de loups ou de chiens sauvages, les aînés initient les plus jeunes aux techniques de chasse. C'est aussi le cas des félidés, depuis le lion jusqu'au chat tigré. Pour leur part, les suricates éduquent leurs petits en leur rapportant des proies à achever (scorpions et scarabées, par exemple).

POURQUOI MON CHIEN DÉTESTE-T-IL SA CAGE DE TRANSPORT ?

Q

« Mon vétérinaire m'a conseillé d'acheter une cage pour Ulysse, mon nouveau petit toutou. Il était censé la considérer comme son antre, un endroit tranquille où il se sentirait en sécurité. Avec le temps, il aurait même pu y dormir dans la cuisine. Mais Ulysse semble détester sa cage. Il l'évite à tout prix et si j'essaie de l'y attirer avec une friandise, il se recroqueville dans un coin pour éviter d'y être amené de force. Que devrais-je faire ? »

R

Premièrement, demandez-vous si Ulysse a déjà été mis de force dans une cage ou si on l'y a laissé trop longtemps parce qu'on ne voulait pas s'occuper de lui. La plupart des chiots apprennent à apprécier leur cage, car elle leur permet de se mettre à l'écart de l'agitation de leur nouvelle maison, mais ils doivent y être amenés de façon graduelle. Peut-être qu'Ulysse a fait de trop longs séjours dans sa cage et qu'il l'associe avec la solitude plutôt qu'avec la sécurité. Il se peut aussi qu'il y ait fait un dégât (ce qui est possible s'il y est resté longtemps) : d'instinct, les chiens détestent salir l'endroit où ils dorment.

Peu importe la raison pour laquelle il n'aime pas sa cage, Ulysse a le droit d'exprimer ses sentiments. Ne le forcez pas à y entrer, car cela ne fera qu'empirer les choses : il se mettra à avoir peur de vous aussi.

Essayez de l'y attirer avec une friandise ou un jouet, mais sans fermer la porte. Installez-y sa couverture préférée pour en faire un coin douillet. Ne fermez pas la porte à moins qu'il y soit entré de son propre chef. S'il finit par sembler heureux dans sa cage, donnez-lui une friandise, puis fermez la porte pendant une minute, sans faire d'histoire avant de la rouvrir. S'il pense que c'est lui qui a décidé d'y aller, il n'y verra peut-être pas d'inconvénient.

Certains chiens ne se font jamais à leur cage. Si c'est le cas d'Ulysse, un parc d'enfants équipé d'un panier confortable fera peut-être plus son affaire. Que vous optiez pour une cage ou un parc, n'y abandonnez jamais votre chiot pendant de longues périodes, sauf pour la nuit. L'ennui peut déclencher des problèmes de comportement plus tard.

* ANTRE CONFORTABLE OU TRISTE PRISON ? La façon dont votre chiot voit sa cage de transport dépend beaucoup de la façon dont il y a été amené.

* LA PLUPART DES CHIOTS APPRÉCIERONT un parc d'enfants confortable même s'ils détestent leur cage.

POURQUOI MON CHIEN SE REBELLE-T-IL SOUDAIN ?

Q

« Notre chien Léo vient tout juste d'avoir six mois. Nous n'avions pas imaginé à quel point l'adolescence canine pouvait être éprouvante. On nous avait prévenus pourtant. Notre adorable chiot si obéissant semble être soudainement devenu insensible à toute forme d'autorité et ne veut plus rien savoir des activités d'entraînement qu'il aimait tant. Il mâchouille tout ce qui lui tombe sous les crocs, il jappe, il cherche la bagarre quand on vient de lui dire de se calmer et il nous teste constamment. Comment passer au travers de cette phase ? Quand se terminera-t-elle ? »

R

Si cela peut vous rassurer, sachez que vous n'êtes pas seul dans cette situation. La majorité des chiens que l'on retrouve dans les refuges y ont été abandonnés quand ils avaient sept ou huit mois. On a beau dire aux gens que leur chien ne sera pas tenable quand il sera ado, la plupart n'en tiennent pas compte quand ils craquent pour un chiot de huit semaines. Et celui qui risque le plus d'en souffrir, c'est le chien. Bonne nouvelle : les chiens commencent à se calmer à un an et deviennent tout à fait respectables à deux ans, sauf peut-être certaines races de gros chiens qui prennent un peu plus de temps à devenir matures.

De plus, si vous travaillez avec votre chien, vous pouvez éviter d'être continuellement en conflit avec lui pendant cette période cruciale de sa vie. Vous constaterez qu'il est particulièrement gratifiant de créer de solides liens avec un adolescent canin.

✱ **À L'INSTAR DES ÊTRES HUMAINS,** la plupart des chiens sont plus ou moins énervants à l'adolescence.

✱ **SI VOUS VOUS ATTACHEZ À VOTRE CHIEN ADOLESCENT,** vous consoliderez votre relation avec lui à l'âge adulte.

Faites preuve de patience avec Léo, soyez cohérent et calme, ayez le sens de l'humour, faites-lui faire beaucoup d'exercices et donnez-lui des aliments sains et équilibrés. L'adolescence survient à différents moments selon la race, mais vers l'âge de six mois, la plupart des chiens deviennent plus aventureux et plus curieux. Ils subissent une poussée de croissance et font leurs premières dents, ce qui exacerbe leur besoin de mâchouiller. Le mâle non castré produit un taux de testostérone extrêmement élevé, tandis que la femelle est sur le point de connaître ses premières chaleurs. Ajoutez à cela un niveau très variable d'excitabilité, et vous aurez besoin de tout votre amour et de toute votre compréhension pour endurer votre animal pendant cette période. Chaque jour, faites-lui faire des exercices vigoureux, faites-le jouer et imposez-lui au moins dix minutes d'entraînement (vous pouvez combiner jeu et entraînement). Faites plusieurs courtes séances de dressage (plutôt qu'une longue). Si votre chien est très occupé, il aura beaucoup moins l'occasion d'être malicieux.

AUTRES ESPÈCES

Si vous trouvez que l'adolescence de votre chien n'en finit plus, ayez une bonne pensée pour les parents éléphants, gorilles et hippopotames qui, avant de voir leurs enfants passer à l'âge adulte, doivent attendre respectivement 15 à 16 ans, 12 ans et 7 à 8 ans. Quant aux humains, on sait qu'ils prennent beaucoup de temps avant de devenir matures.

POURQUOI MON CHIEN S'EMPÊCHE-T-IL DE PRENDRE LES OBJETS DE MON CHIOT ?

Q

« Notre nouveau chiot Samson s'est assez bien adapté à Dalila, la chienne que nous possédons depuis plusieurs années, mais c'est elle qui fait la loi. Pourtant, je les observais l'autre jour, et j'ai vu quelque chose que je n'ai pas compris : Dalila regardait attentivement Samson qui tenait dans sa gueule un jouet qu'elle adore. Manifestement, elle voulait le jouet et elle aurait très bien pu s'en emparer, mais elle ne l'a pas fait. Elle a plutôt attendu une minute ou deux avant d'aller se coucher en poussant un soupir mélancolique. Pourquoi n'a-t-elle tout simplement pas pris le jouet ? »

R

Beaucoup de behavioristes ont observé ce comportement chez les chiens adultes qui interagissent avec des chiots, mais ils ne l'expliquent pas tous de la même façon. Généralement, le chien a le sens de la propriété : un objet appartient à celui qui le trouve. Même un chiot comme Samson peut garder un objet qui fait l'envie de son compagnon plus âgé à condition qu'il le tienne fermement et qu'il le surveille étroitement. Il se peut également que Dalila se montre particulièrement permissive à son égard parce qu'il est trop jeune pour mériter une sévère correction.

Patricia McConnell, auteure et dresseuse réputée, définit le chien dominant comme étant celui qui obtient l'os convoité par plusieurs, sans égard à la façon dont il s'y prend pour l'obtenir. Même si votre chienne fait la loi, elle considère probablement que le jouet ne vaut pas le conflit qu'il déclencherait si elle le prenait de force. Comme vous le savez sans doute, **les chiens sont d'habiles négociateurs et la plupart sont en mesure de peser le pour et le contre d'une situation canine en un rien de temps.**

On a tort de croire que les animaux qui vivent en bande dans la nature passent leur temps à se battre : ils sont tellement occupés à survivre qu'ils n'ont ni le luxe ni l'énergie de se battre entre eux. L'art de la négociation est inscrit dans les gènes de la plupart des chiens. Si Samson quitte des yeux son jouet, ne serait-ce qu'une seconde, il est fort probable que Dalila s'en emparera. Mais s'il le surveille constamment, il est à lui.

* **ILS CONVOITENT** tous les deux la même chose, mais le chien aîné respecte la loi canine de la possession. Le chiot a le droit de conserver ce qu'il possède déjà.

* **UN BOL CHACUN.** Même les repas peuvent être étonnamment tranquilles si chacun a sa propre écuelle.

POURQUOI MON CHIOT DÉPASSE-T-IL TOUJOURS LES BORNES AVEC LES CHIENS PLUS ÂGÉS ?

Q

« Arnold, mon petit chien de six mois, est exubérant et enthousiaste avec ses congénères. Dès qu'il a eu ses vaccins, nous l'avons amené au parc où il a fait connaissance avec toute une bande de chiens qu'il a l'air d'adorer. Seule ombre au tableau : il ne comprend pas que, parfois, on n'a pas envie de jouer avec lui, et il insiste même si l'autre chien est manifestement irrité et le rabroue. On dit souvent que les chiens sont de grands communicateurs. Alors pourquoi Arnold ne saisit-il pas ce que les autres chiens lui signifient quand ils veulent avoir la paix ? »

R

À six mois, Arnold est à l'aube de l'adolescence et il manque de pratique pour comprendre complètement le langage canin. Mais, avec le temps, il apprendra ce qu'est le tact (vous avez sans doute déjà entendu un propriétaire de chiot dire à un propriétaire de chien : « Ne vous en faites pas, il doit apprendre » après que le chien a brutalement envoyé promené le chiot). **Les chiens sont effectivement de grands communicateurs, mais c'est surtout au contact d'autres chiens qu'ils apprennent à le devenir.**

Arnold était-il le seul petit de sa portée ? Les frères et sœurs sont toujours en train de lutter entre eux pour obtenir de la nourriture et l'attention de leur mère. Puisque le chiot unique n'a pas fait l'expérience de cette légère mais constante frustration, il peut devenir un adolescent incapable de comprendre qu'il ne peut pas avoir ce qu'il veut « là, maintenant ». N'ayant jamais été privé, il insistera.

Même si Arnold n'est pas « enfant unique », il est clair qu'il n'a pas encore appris les règles de la politesse. Il est peu probable que vous puissiez les lui enseigner : c'est le genre de leçons que les autres chiens lui donneront. Mais vous pouvez intervenir : si l'autre chien commence à en avoir sérieusement marre (ou s'il semble stressé ou inquiet), attirez l'attention d'Arnold pendant une minute ou deux. Même très excité, un chien de six mois sera toujours intéressé par une friandise. Toutefois, si les autres propriétaires de chiens ne sont pas dérangés par le comportement irritant de votre chiot, laissez les choses aller. Arnold se rendra compte, par lui-même, que sa conduite risque de lui valoir une morsure sur le museau plutôt qu'une partie de plaisir.

✱ SI LE CHIOT EST INSUPPORTABLE, le chien plus âgé devra peut-être entreprendre une série de corrections de plus en plus sévères jusqu'à ce que le petit comprenne le bon sens.

✱ MÊME S'ILS ONT L'AIR DE SE BAGARRER sérieusement, deux chiens peuvent avoir tout simplement beaucoup de plaisir.

POURQUOI MON CHIEN RESTE-T-IL SI ATTACHÉ À SA COUVERTURE DE BÉBÉ ?

Q

« Notre petite chienne, Stella, avait deux mois quand nous l'avons adoptée. L'éleveur chez qui nous sommes allés la chercher nous a également remis sa couverture, en nous disant que c'était quelque chose de familier qui la réconfortait. Stella a maintenant 10 mois, et elle s'est bien adaptée chez nous. Elle est toujours de bonne humeur et a l'air heureux, mais elle a de la difficulté à se séparer de sa couverture qui est de plus en plus délabrée. Quand elle ne l'a pas sous les yeux, elle la cherche, surtout avant de se coucher pour la nuit. Cette couverture me semble exercer sur ma petite chienne le même attrait qu'un vieil ourson en peluche exercerait sur un enfant qui a grandi trop vite. Mon conjoint se moque de moi et dit que je fais de l'anthropomorphisme à deux cents. Qui de nous deux a raison ? »

R

Cette question nous amène droit au cœur du débat sur la ressemblance entre les humains et les chiens. Stella aime-t-elle sa couverture parce qu'elle lui rappelle ses premières semaines d'existence, quand elle se lovait avec bonheur contre le flanc de sa mère, ou plutôt parce que cet objet dégage une odeur familière et a une texture prémâchée qu'elle aime bien ? La vérité se situe peut-être entre les deux, mais il est plausible qu'elle aime sa couverture principalement à cause de son odeur. **La plupart des gens savent que les chiens ont l'odorat beaucoup plus sensible que les humains, mais ils ignorent sans** doute que ce sens est 44 fois plus développé chez les chiens. On a peine à imaginer le salmigondis d'odeurs qui les assaille dès qu'ils mettent le museau dehors. La couverture de Stella dégage probablement un parfum de sécurité pour elle, ce qui est très important lorsqu'elle va se coucher pour la nuit.

Dans quelques années, vous n'en pourrez plus de voir cette couverture malpropre et en lambeaux, mais nous vous conseillons de laisser à votre chienne le soin de l'abandonner d'elle-même... si jamais elle le fait. Tôt ou tard, ce bout de tissu se désintégrera littéralement, et elle l'oubliera. Fait à remarquer, selon les éleveurs, ce sont les chiens qui utilisent beaucoup leur gueule – soit ceux qui ont l'habitude de rapporter, tels les retrievers, les épagneuls et les labradors – qui vouent un amour inconditionnel à cet objet qui leur rappelle leur enfance.

* CET OBJET A BEAU ÊTRE REPOUSSANT, elle l'aime inconditionnellement. Est-ce à cause des associations qu'elle fait ?

* LE BONHEUR pour un chiot, c'est d'être au chaud et en sécurité avec ses frères et sœurs, un souvenir qui sera très fortement caractérisé par l'odeur.

POURQUOI MON CHIOT A-T-IL OUBLIÉ SES LEÇONS DE PROPRETÉ ?

Q

« Gaston, notre petit terrier de six mois, n'a pas fait de dégât dans la maison depuis plus d'un mois. Mais l'autre jour, ma conjointe a trouvé un livre qu'il avait complètement déchiqueté et elle lui a crié après. Il s'est réfugié derrière le sofa et a fait pipi par terre. Il est resté un bon moment dans sa cachette avant d'en sortir en rampant. Il a fini par se remettre de ses émotions, mais il a fallu que je me donne beaucoup de mal pour le réconforter. Comment expliquer son comportement et qu'aurions-nous pu faire ? »

R

Gaston n'a pas oublié ses leçons de propreté. Il est probablement très sensible et c'est en réaction à la colère de votre conjointe qu'il a fait pipi par terre et qu'il s'est mis à ramper. Il arrive parfois que les jeunes chiens régressent au stade infantile pour indiquer qu'ils cherchent désespérément la paix. L'incontinence est le dernier recours ; c'est signe que vous devez mettre la pédale douce sur l'éducation.

Cependant, il ne faut pas verser dans l'autre extrême, car vous risquez de faire de Gaston un chien collant et craintif. En faisant des pieds et des mains pour le rassurer chaque fois qu'il aura peur, vous lui enverrez comme message qu'il a raison de se cacher derrière vous et de dépendre de vous comme un enfant, non comme un adulte. Or, vous voulez que votre chien soit indépendant. **Pour apprendre le b. a.-ba de la bienséance, votre chiot a besoin d'une éducation qui rime avec bonté, douceur et cohérence.**

S'il y a de la tension dans l'air, ne haussez pas la voix, car vous risquez d'obtenir l'effet contraire à celui escompté. Donnez à Gaston des instructions claires pendant les exercices de dressage. S'il semble incertain, redonnez-lui confiance en vous concentrant sur ce qu'il sait faire. Revenez à la commande «Assis» s'il la maîtrise mieux que «Reste», et félicitez-le affectueusement. Surveillez son langage corporel ; si vous réussissez à décoder son appréhension, vous serez en mesure de le rassurer efficacement. Vous en apprendrez davantage à ce sujet dans les chapitres qui suivent.

✱ CE N'EST PAS UN ACCIDENT. Quand votre chiot fait un dégât, c'est probablement votre propre comportement qu'il faut remettre en question.

✱ C'EST IRRITANT, mais peut-être n'avait-il rien d'autre à mâchouiller ? Essayez d'anticiper les comportements indésirables de votre chiot.

AUTRES ESPÈCES

Différentes espèces d'animaux font des dégâts par nervosité quand ils sont jeunes. Mais pas seulement par nervosité… Ainsi, le bouc se couvre littéralement la tête et les pattes de devant de sa propre urine avant d'aller faire la cour à sa chèvre favorite. Reconnaissable entre toutes, la forte odeur qu'il dégage agit comme un aphrodisiaque et encourage la femelle à s'accoupler.

POURQUOI MON CHIOT A-T-IL L'AIR COUPABLE QUAND JE LE RÉPRIMANDE ?

Q

« Apparemment, les chiens ne connaissent pas la culpabilité. J'ai donc été surprise de voir mon petit Henri s'asseoir et baisser la tête quand je l'ai grondé en agitant le doigt devant son museau parce qu'il venait (encore !) de faire un petit dégât par terre. Il ne se sentait peut-être pas coupable, mais il en avait tout l'air ! Comment expliquer cela ? »

R

Il réagissait à votre langage corporel et à votre ton désapprobateur. Il est peu probable qu'il se soit senti coupable. En fait, à moins que vous ne l'ayez pris sur le fait, il avait déjà oublié qu'il avait fait pipi par terre. **Les chiens n'associent à leurs actes que leurs conséquences immédiates ; même s'il ne s'écoule qu'une minute ou deux entre la faute et la correction, leur cerveau ne fera pas le lien entre les deux événements.** C'est la raison pour laquelle les dresseurs suggèrent de corriger les actes indésirables dès qu'ils se produisent (mais avec du renforcement positif et de la distraction, sans punition). Dans cette optique, mettre le museau d'un chiot dans sa propre urine quand il a fait un dégât est aussi inutile que cruel. Cette pratique désuète a peut-être même contribué à perpétuer le problème chez certains animaux. Le petit délinquant n'a aucune idée de ce qui se passe, sauf qu'il a peur et que son maître est en colère. Or, il est important que le chien associe son maître à des expériences positives.

Pour les chiens, comme pour toute espèce vivant en société, y compris les humains, c'est la sécurité qui prime. Ils ont donc développé un langage assez évolué pour indiquer à leur entourage qu'ils ne sont pas menaçants. Turid Rugaas, la célèbre dresseuse norvégienne, parle de « signaux pacificateurs ».

Le chien qui s'étend sur le dos en exposant son ventre envoie un signal pacificateur extrême. Non seulement il dit qu'il ne présente aucune menace, mais il se montre vulnérable. Lorsque Henri s'est assis, a baissé la tête et a évité de vous regarder quand vous l'avez grondé, il voulait vous apaiser, ce qui dans vos yeux d'humain est apparu comme l'expression de la culpabilité.

* AGITER LE DOIGT DEVANT LE MUSEAU de votre chien le rend nerveux. Il se demande pourquoi vous êtes en colère, car il a complètement oublié son dégât.

* CHERCHEZ À COMPRENDRE. Votre chiot a-t-il fait pipi par terre parce que vous l'avez laissé seul trop longtemps ? A-t-il déchiqueté un livre parce qu'il fait ses dents et n'avait rien d'autre à mâchouiller ?

POURQUOI MON CHIOT N'AIME-T-IL QUE LES JOUETS DURS ?

Q

« J'ai toujours eu des chiens, et la plupart avaient des « couvertures réconfortantes » quand ils étaient petits (certains les ont même conservées jusqu'à l'âge adulte). Mon chien actuel, Toby, est différent. À huit mois, il n'aime que les objets les plus rigides : il raffole des jouets de type Kong et des os en caoutchouc dur, et ne s'est jamais intéressé à quoi que ce soit de souple. Est-ce qu'il y a une explication à cela ou est-ce seulement une question de préférence ? »

R

C'est à la fois une question de préférence, d'individu et de race. Peu importe ce qu'on dit de leur tempérament, il existe des terriers timides et des retrievers sérieux. Il ne faut pas se laisser aller aux stéréotypes ; chaque chien a sa personnalité propre. Cela étant dit, il est vrai que les chiens appartenant aux races qui rapportent – épagneuls, labradors et golden retrievers – aiment mâchouiller des bouts de tissu et des jouets souples, tandis que ceux de la famille des terriers, qui sont plus chasseurs que « rapporteurs », préfèrent se mettre quelque chose d'un peu plus résistant sous la dent.

Un autre facteur peut expliquer la préférence de votre chien. À huit mois, il est encore en train de tester ses dents d'adulte. **Entre sept et neuf mois, le chien adolescent entre dans sa deuxième grande phase de mastication.** Probablement que les jouets rigides satisfont davantage le besoin de mastiquer de Toby. Mais ce n'est pas définitif. En matière de jouets, la plupart des chiens consolident leurs préférences à l'âge de un an. Certains ne s'intéressent qu'aux balles et aux bâtons, tandis que d'autres n'en ont que pour des objets qui couinent ou qui font du bruit. D'autres encore n'aiment que les choses en tissu. Puis, il y a ceux qui mordillent et jouent avec n'importe quoi. Ne décidez pas tout de suite que Toby aime seulement les jouets durs ; offrez-lui différentes options.

En attendant que Toby arrête son choix, concoctez-lui une friandise d'été, fantastique pour tout chien qui fait ses dents et qui est un fervent des jouets Kong. Couvrez une des deux extrémités d'un Kong avec une pellicule plastique, remplissez-le de sauce au bœuf et mettez-le au congélateur. Une fois la sauce bien prise, enlevez la pellicule. Votre chien adorera lécher ce jouet Popsicle© nouveau genre.

* **POUR MORDRE DE FAÇON SATISFAISANTE**, le chiot qui sent poindre sa deuxième série de dents d'adulte préférera un objet en caoutchouc dur.

* **OFFREZ À VOTRE CHIEN** la possibilité de jouer avec toutes sortes d'objets jusqu'à ce qu'il se fasse une idée de ses préférences. Vous pourriez être surpris.

POURQUOI MON CHIOT NE PEUT-IL PAS DESCENDRE LES MARCHES DE L'ESCALIER TOUT SEUL ?

Q

« L'éleveur qui nous a vendu Adèle, notre petit teckel, nous a fortement recommandé de la transporter dans les escaliers tant qu'elle n'aura pas atteint l'âge de huit ou neuf mois. Il nous a aussi dit de l'empêcher de sauter sur le mobilier ou de faire des exercices trop violents. Je crois savoir que les teckels étaient jadis élevés pour chasser le blaireau. C'est donc censé être une race de chiens assez résistantes, sans compter qu'Adèle est pleine d'entrain. Est-ce donc vraiment nécessaire d'être aussi prévenant avec elle ? »

R

D'emblée, nous dirons « oui ». Si un éleveur expérimenté et responsable vous a donné ce genre de conseils, vous devriez les suivre. Sachez que les précautions à prendre avec certaines races de chiens sont en lien avec leur utilisation.

Sans l'intervention humaine, les chiens finiraient tous par avoir à peu près la même taille et le même poids. Le chien générique, celui qui n'appartient à aucune race en particulier, pèse entre 13 et 16 kilos, et a des caractéristiques régulières et fonctionnelles.

L'élevage a permis de contrôler certaines fonctions canines et de produire une très vaste gamme de variétés de chiens. Mais ils sont de moins en moins élevés pour accomplir le travail auquel on les destinait à l'origine. Si au cours des cinquante dernières années, on a continué à mettre en valeur les particularités de certains chiens de race, c'est tout simplement parce qu'on préfère l'allure que cette intervention leur donne.

Le teckel était effectivement élevé pour chasser le blaireau. Quiconque a déjà confronté un spécimen déterminé connaît sa force de caractère. Sa solide carrure et son centre de gravité bas lui étaient utiles pour se faufiler jusque dans les terriers. Mais petit à petit, l'apparence a primé la fonction, et maintenant, à cause de son très long dos, le teckel est susceptible de souffrir de divers problèmes, dont les hernies discales. Résultat, il ne doit pas s'aventurer dans les escaliers trop jeune et il ne devrait pas prendre l'habitude de sauter. Il faut également surveiller son poids, car l'embonpoint lui ajouterait une tension inutile sur la colonne vertébrale.

* **LORSQUE VOUS JOUEZ** avec votre chiot ou que vous lui enseignez quelque chose de nouveau, soyez conscient de sa constitution. Certains chiens sont plus souples que d'autres.

* **L'ÉLEVAGE CANIN** est étonnamment spécialisé. Aucune autre espèce animale n'offre autant de « variétés ».

AUTRES ESPÈCES

L'élevage spécialisé n'est ni un phénomène nouveau ni réservé aux chiens. Ainsi, en Grande-Bretagne, on a mis sur pied un programme d'élevage de porcs miniatures (ils pèsent moins d'un cinquième du porc moyen). Cela dit, aucune autre espèce animale ne peut se vanter de posséder une aussi grande diversité de variétés que l'espèce canine.

POURQUOI MON CHIOT EST-IL DEVENU SI DÉSOBÉISSANT ?

Q

« Récemment, nous avons ramené une adorable chienne de six ans de la SPA. Belle est très calme, elle s'est bien adaptée à notre milieu et elle joue volontiers avec Caramel, notre chien de huit mois. Bien que Caramel ait été très facile à dresser lorsque nous l'avons adopté, il est devenu vraiment désobéissant depuis l'arrivée de Belle. On dirait qu'il a tout oublié de son entraînement. Ce n'est certainement pas notre chienne qui a une mauvaise influence sur lui. Alors, pourquoi Caramel se comporte-t-il ainsi ? »

R

L'arrivée de Belle dans votre famille coïncide avec l'entrée de Caramel dans l'adolescence. Le fait d'avoir un autre chien dans son entourage peut lui avoir fait prendre conscience de sa position au sein de la famille. Et l'attitude permissive de Belle l'encourage sans doute à tenter de monter dans la hiérarchie. **Le chien réagit toujours à l'arrivée (ou au départ) d'un congénère. Il est d'ailleurs fascinant de voir comment les animaux domestiques s'arrangent entre eux pour déterminer qui a la priorité selon la situation.** Les chiens sont plus ou moins préoccupés par leur position hiérarchique, et ils en sont plus ou moins conscients. Il est donc difficile de prévoir si la réorganisation de la gent canine de votre foyer entraînera des changements de comportements. Par ailleurs, il se peut que, sans le savoir, vous soyez pour quelque chose dans la rébellion de Caramel. En effet, avec l'arrivée d'un nouveau chien très bien élevé, vous avez peut-être été moins enclin à discipliner votre chiot.

Si vous voulez que Caramel redevienne lui-même, vous devrez réaffirmer votre autorité auprès de vos deux chiens même si un seul en a besoin. De cette façon, vous leur ferez comprendre que c'est vous le chef de meute et que les deux doivent vous obéir.

Si nécessaire, revenez à l'entraînement de base, et incitez Belle à faire les exercices afin qu'elle puisse donner l'exemple à Caramel. Ainsi, il ne pourra plus profiter de son bon caractère pour la mener par le bout du museau. Et n'oubliez pas votre propre bonne humeur pour que vos deux compagnons participent volontiers à ces séances.

* **LE COMPORTEMENT RELAX** d'un chien plus âgé peut parfois encourager le plus jeune à tester la hiérarchie de sa meute domestique.

* **LA PLUPART DES CHIENS SONT RASSURÉS** de savoir qu'ils sont tous membres d'une meute dirigée par un chef qui leur donne des directives claires et fermes : vous.

POURQUOI MON CHIOT DÉFEND-IL SA NOURRITURE AUSSI FÉROCEMENT ?

Q

« Notre chiot vient d'avoir sept mois. Il a toujours eu un bon appétit et il a l'habitude de manger rapidement et avec enthousiasme. Mais depuis un mois, il engloutit ses repas comme s'il était affamé. Le pire, c'est que je l'ai entendu grogner à une ou deux reprises lorsqu'un de nous est passé près de lui pendant qu'il mangeait. Comment expliquer ce comportement ? Devrais-je m'en inquiéter ? »

R

Oui, un peu. Les experts connaissent bien ce comportement de protection. Devenu très possessif, votre chien vous signifie de manière agressive qu'il faut respecter ce qui lui appartient. Il est temps pour vous de resserrer les règles.

Votre chien arrive à l'adolescence et il semble qu'il ait choisi ce moyen déplaisant pour s'affirmer. Vous n'avez pas intérêt à ce qu'il développe une attitude encore plus défensive par rapport à la nourriture. De son point de vue, il vous a prévenu en grognant. Vous ne devez pas négliger cet avertissement, car vous risquez de vous faire mordre.

Pour les aider à régler ce problème, certains propriétaires de chiots consultent un dresseur ou un spécialiste en comportement canin. L'avis d'un expert peut en effet être utile avant qu'un indésirable comportement de bébé devienne une détestable habitude d'adulte.

Vous pouvez aussi utiliser la stratégie de l'échange. Chaque fois que votre chiot laisse aller quelque chose, offrez-lui une friandise et rendez-lui ce qu'il vous a donné. Ainsi, il comprendra qu'il vaut la peine de donner, et sa confiance en vous sera renforcée. Les spécialistes en comportement canin utilisent cette stratégie pour venir à bout de toutes sortes de comportements défensifs indésirables.

Vous pouvez aussi empêcher votre chiot de développer un comportement défensif par rapport à son écuelle en prenant l'habitude, lorsqu'il est très jeune, d'y déposer très peu de nourriture à la fois et d'en rajouter graduellement pendant qu'il mange. Ainsi, il s'accoutumera à la présence d'êtres humains près de sa nourriture, et il y associera quelque chose de positif.

* **LA NOURRITURE EST UNE RESSOURCE IMPORTANTE** pour la plupart des chiens. Il n'est donc pas surprenant de voir votre chiot défendre férocement son écuelle.

* **UN CHIOT PEUT VÉRIFIER SON RANG** dans la hiérarchie de la meute domestique en s'approchant de l'écuelle d'un chien plus âgé. Il risque d'apprendre à la dure ce que sont les bonnes manières et sa position dans la famille.

POURQUOI MON CHIOT SE FATIGUE-T-IL SI RAPIDEMENT ?

Q

« Il y a deux semaines, nous avons adopté une petite chienne de huit semaines, Vanille. Elle est amicale et sociable, mais on dirait qu'un rien la fatigue. Elle fait de longues siestes durant la journée et a d'étonnantes longues nuits de sommeil. Elle joue volontiers avec nos enfants, qui l'adorent, mais au bout d'un moment, elle se dirige vers son panier pour piquer un somme. L'éleveur chez qui nous sommes allés la chercher nous a dit qu'il était important de lui aménager un endroit douillet où elle se sentirait en sécurité. Il est évident qu'elle aime son panier, mais il semble qu'elle y passe énormément de temps. Est-ce que quelque chose ne va pas ? »

R

Je suppose que vous avez amené Vanille chez le vétérinaire quand vous en avez fait l'acquisition. Si l'examen qu'il lui a fait subir n'a rien révélé d'anormal, il y a de fortes chances que votre chienne soit simplement… fatiguée. Vous n'avez pas idée à quel point les chiens travaillent fort durant leurs premiers mois d'existence – un peu comme nos bébés. Non seulement Vanille est-elle en pleine croissance, mais elle doit s'habituer à un tout nouvel environnement, à une nouvelle famille et à des enfants qui l'épuisent. De plus, les chiots ont tendance à se donner à fond dans tout ce qu'ils font. Ils jouent, mangent, explorent avec un intérêt et un enthousiasme sans limite. C'est d'ailleurs pour cette raison que nous les trouvons irrésistibles. Mais toute cette activité leur demande beaucoup d'énergie.

Il se peut également que Vanille ait un tempérament naturellement calme. Même si elle est de bonne humeur et qu'elle aime jouer avec les enfants, à son âge, elle a besoin de temps pour se reposer et recharger ses batteries. **Il vaut mieux avoir un chiot qui sait quand il est fatigué (c'est l'équivalent d'un bébé qui n'a aucun problème à dormir) qu'un chiot qui s'épuise et devient irritable parce qu'il n'arrête jamais.** Si vous n'êtes toujours pas convaincu, parlez-en au vétérinaire lors du prochain examen de Vanille. Il vous rassurera en un rien de temps.

Dernier conseil : lorsque votre chienne manifeste clairement son envie de dormir, laissez-la aller dans son panier ou dans sa cage, et empêchez les enfants de la solliciter pour jouer avec elle quelques minutes de plus. L'endroit où elle se sent en sécurité doit justement lui permettre de dormir en paix quand elle en a besoin.

* **COMME UN PETIT ENFANT**, un chiot peut s'endormir sans crier gare, parfois en plein milieu d'une activité.

* **UN TOUT NOUVEAU MONDE À EXPLORER.** La vie peut parfois être épuisante pour un chiot en pleine croissance.

AUTRES ESPÈCES

En matière de sommeil, les animaux n'ont pas tous les mêmes besoins. Les grands mammifères herbivores, comme les éléphants et les girafes, dorment relativement peu : les particularités de leur alimentation les forcent à manger presque sans arrêt, ce qui leur laisse peu de temps pour roupiller. De nombreux oiseaux ne dorment littéralement que d'un œil. Seule une partie de leur cerveau s'assoupit, tandis que l'autre reste en éveil pour prévenir le danger.

POURQUOI MON CHIOT TOURNE-T-IL LA TÊTE QUAND UN CHIEN S'APPROCHE DE LUI ?

Q

« Max, notre chiot, n'a jamais été très sûr de lui. C'est pourquoi nous lui avons présenté beaucoup de chiens (pré-approuvés et amicaux) dès que nous l'avons eu avec nous, à l'âge de huit semaines. Il a maintenant 12 semaines, et quoique à l'aise avec les chiens qu'il connaît bien, il est toujours réticent devant un chien étranger. Il reste debout (alors qu'il avait l'habitude de s'étendre sur le dos quand il était plus jeune), mais il tourne la tête. Il regarde uniquement les chiens qu'il a rencontrés plusieurs fois. Pourquoi fait-il cela ? »

R

Parce qu'il est prudent et poli. Le fait que votre chiot ne s'étende plus sur le dos, mais reste debout lorsqu'on lui présente un nouveau compagnon signifie qu'il a grandi. **En général, le chiot s'étend sur le dos et expose son ventre pour indiquer clairement qu'il n'est pas menaçant ; c'est un geste pacificateur à l'intention des inconnus qui ignorent quel est son rôle.**

À mesure que Max gagne en confiance, il se sent capable de rester debout, mais il continue de s'incliner devant un nouveau chien. Il évite de le regarder directement dans les yeux (ce qui peut être compris comme un défi en langage canin), mais il ne s'éloigne pas et se laisse approcher. S'il remue la queue, il a probablement confiance. S'il

a l'air un peu trop raide, il est probablement un peu nerveux. Plus ses expériences avec d'autres chiens seront agréables, mieux il se sentira en leur présence.

Les chiens adultes qui se rencontrent sur une base régulière pour jouer d'égal à égal peuvent s'approcher l'un de l'autre en sautillant. Ils se reniflent brièvement la face (quoique rarement de front), puis se mettent en position de jeu : penchés vers l'avant, les pattes étendues, l'arrière-train dans les airs et la queue mobile. Lors de présentations plus officielles, deux chiens commencent habituellement par se renifler mutuellement l'arrière-train, puis s'examinent brièvement la face. C'est à ce moment qu'ils décident s'ils joueront ensemble, s'éloigneront ou resteront l'un près de l'autre, en toute neutralité. Ne vous en faites pas, Max a appris à envoyer aux autres chiens un signal susceptible de rendre leurs rencontres agréables.

* **SI VOTRE CHIEN TOURNE LÉGÈREMENT LA TÊTE** à l'approche d'un autre chien, c'est qu'il a compris les bonnes manières canines.

* **UN CHIOT QUI FAIT PREUVE D'ARROGANCE** risque d'apprendre ce qu'est le respect en recevant une bonne leçon d'un chien aîné.

2
UNE VIE DE CHIEN

*On peut expliquer le comportement d'un chien par son appartenance à l'espèce canine (tous les chiens font ça...), par sa race (tous les chiens de cette race font ça...) et souvent par son tempérament (Chienchien fait ça parce que... il est exceptionnel — l'intime conviction de tout propriétaire de chien). Dans ce chapitre, nous nous concentrons sur le comportement propre à l'espèce canine, ce qui englobe toutes ces choses que fait votre chien et que, malgré votre bonne volonté, vous ne comprenez pas vraiment. Comme nous sommes des êtres humains, et pas des chiens, nous ne pouvons interpréter leurs faits et gestes qu'en fonction de nos préjugés. D'ailleurs, les experts ne s'entendent pas sur notre capacité à comprendre la logique canine ni même sur l'existence d'une conscience canine. Chose certaine, il existe des façons de faire que les chiens ont hérité de leur longue lignée d'ancêtres.

POURQUOI MON CHIEN RENIFLE-T-IL L'ARRIÈRE-TRAIN DE CHAQUE PITOU QU'IL RENCONTRE ?

Q

« Fripouille aborde chaque chien qu'il rencontre au parc en lui reniflant le derrière. Je sais que c'est un comportement standard pour un chien (quoique le mien semble être particulièrement porté sur la chose), mais j'aimerais savoir pourquoi il ne s'intéresse jamais à la face de ses compagnons d'abord. Je suis certaine que l'avant-train fournit autant d'informations que l'arrière-train… »

R

Cela peut vous sembler étrange, mais pour un chien, il est infiniment plus poli de flairer brièvement le derrière de son vis-à-vis que de se présenter audacieusement de face ; c'est même extrêmement grossier de regarder l'autre droit dans les yeux. De plus, en raison de leurs glandes olfactives anales, les chiens obtiennent beaucoup d'informations sur leurs congénères par ce genre d'investigation. Leur odorat étant 44 fois plus développé que celui de l'être humain, il n'est pas surprenant qu'ils commencent par se servir de leur nez plutôt que de leurs yeux pour faire connaissance. **Mais en général, l'être humain, qui a appris à regarder son interlocuteur bien en face et à lui tendre la main pour se présenter, ne comprend pas ce comportement typiquement canin.**

Si vous observez une rencontre entre chiens, vous constaterez que certains sont plus polis que d'autres. Un chien bien élevé abordera un inconnu latéralement et il lui reniflera brièvement l'arrière-train avant de s'approcher de sa face, mais en restant quand même légèrement de côté. C'est sa façon de signifier qu'il ne cherche pas querelle. Un chien qui n'a pas de manières envahira l'espace de l'autre, il le reniflera longuement et bruyamment, en insistant sur la région inguinale (façon politiquement correcte de dire qu'il fera un examen olfactif complet de ses parties génitales). Mais le sans-gêne ne paie pas, et la plupart des chiens y réagiront en s'éloignant.

Les chiens ne se regardent pas dans les yeux à moins de très bien se connaître, et encore... Même de bons amis ne passent pas beaucoup de temps à se contempler. Disons que, pour un chien, le reniflement de l'arrière-train est l'équivalent, pour nous, de la poignée de main et du bavardage qui s'ensuit, tandis que le face-à-face signifie que la relation est passée à une autre étape.

* **IL EST IMPENSABLE POUR UN ÊTRE HUMAIN** de se présenter à quelqu'un en lui flairant l'arrière-train. Mais, dans le règne animal, il est l'un des seuls à ne pas le faire.

* **SI DEUX CHIENS SE FONT FACE,** c'est qu'ils sont presque des intimes.

AUTRES ESPÈCES

Vous pensez peut-être que les chiens sont originaux dans leur façon de faire connaissance. Eh bien, non. Beaucoup de mammifères se présentent en se reniflant mutuellement l'arrière-train. Les éléphants, pour leur part, se font de la « trompe-à-trompe », tandis que la plupart des singes se fient à leur expression faciale mutuelle pour savoir s'ils peuvent ou non s'aborder en toute confiance.

POURQUOI MON CHIEN TOURNE-T-IL SUR LUI-MÊME AVANT DE S'ENDORMIR ?

Q

« Élodie a un panier dont le fond est recouvert d'un coussin matelassé. Elle ne s'en sépare pratiquement jamais. Le soir, elle le traîne partout dans la maison à la recherche du coin le plus confortable où s'installer pour la nuit. Une fois qu'elle a trouvé la place idéale, elle saute dans le panier et se met à farfouiller un peu comme si elle creusait. Quand le rembourrage du coussin est redistribué à son goût (soit d'une manière qui me semble tout à fait inconfortable), elle tourne sur elle-même comme le veut la tradition ancestrale, se couche et s'endort. J'ai entendu toutes sortes d'explications sur ces comportements. Quel est votre avis ? »

R

Il n'existe pas d'explication concluante. Comme vous le dites, il y en a plusieurs et elles sont toutes défendables. Selon la plus traditionnelle, le chien tourne sur lui-même avant de dormir parce que c'est ce que faisait son ancêtre, le chien sauvage : comme il s'installait dans l'herbe haute pour la nuit, il tournait sur lui-même pour se façonner un lit confortable. **On dit également que le chien vérifie ainsi qu'il n'y a rien de menaçant autour (insectes, serpents, odeurs d'autres prédateurs) ou qu'il cherche la direction du vent dominant pour s'installer de manière à sentir le danger bien avant qu'il n'arrive.** Toutes ces explications se valent. Sachez que le loup adulte tourne aussi sur lui-même avant de s'installer pour la nuit (tandis que les louveteaux, comme les chiots, dorment en tas pour avoir plus de chaleur et se sentir en sécurité), ce qui laisse croire que ce comportement relève de l'instinct de survie.

Par ailleurs, il existe une théorie simple mais convaincante pour expliquer le piochage nocturne d'Élodie. Dans les pays chauds, les animaux creusent le sol chauffé par le soleil durant la journée afin de dégager une couche de terre plus fraîche et plus confortable où ils s'installeront pour la nuit. Ce que vous décrivez évoque effectivement l'image d'un chien qui s'active à l'ombre d'un buisson. La réponse la plus plausible à votre question est donc qu'en se comportant ainsi, Élodie agit selon son instinct ; elle fait ce qu'elle est programmée pour faire à la tombée de la nuit.

* **LES RITUELS COMPLEXES** auxquels s'adonnent les chiens ne sont pas tous développés au sein de leur vie familiale actuelle.

* **CERTAINS ASPECTS INHABITUELS** du comportement du chien domestique remontent au temps où il vivait à l'état sauvage avec sa meute.

POURQUOI MON CHIEN PELLETTE-T-IL LA TERRE AVEC SES PATTES ARRIÈRE APRÈS AVOIR FAIT SES BESOINS ?

Q

« Roméo a cinq ans et n'est pas castré. Comme nous vivons à la campagne, je le promène sans laisse. Lorsque je lui fais faire sa première sortie de la journée, il s'affaire d'abord à trouver un endroit retiré et confortable pour faire ses besoins. Quand il a fini, il s'étire et pellette la terre avec ses pattes arrière. Il forme de longs canaux en se servant de ses griffes et travaille très fort. Puis, il me rejoint et nous poursuivons notre promenade. Que fait-il au juste et pourquoi le fait-il ? »

R

Voici comment s'explique le pelletage. Il faut d'abord que vous sachiez que les glandes anales du chien sont activées pendant la défécation. À moins que Roméo ait eu des problèmes de rétention dans cette région, vous n'avez probablement jamais vu ces minuscules organes situés de part et d'autre de son rectum. Or, ces glandes produisent une infime quantité de sécrétions qui jouent un double rôle. Elles ont une action lubrifiante qui facilite l'expulsion des matières fécales et elles dégagent une odeur propre au chien, aussi unique, distincte et identifiable que les empreintes digitales le sont pour l'être humain. Et comme vous le savez, l'odeur est cruciale dans la vie du chien.

En pelletant énergiquement, Roméo répand son odeur le plus loin possible pour s'identifier auprès des autres chiens qui passeront par là et leur indiquer qu'il y était lui aussi. Il cherche aussi à produire une vive impression sur eux. Pense-t-il que plus son odeur sera disséminée, plus il paraîtra gros et important aux yeux des autres chiens ? Nous n'en savons rien. Mais la plupart des gens qui ont été témoins de ce rituel vous diront qu'un chien qui trotte joyeusement après avoir ainsi laissé sa marque a l'air de se dire : «Devoir accompli!»

- ✱ LE PELLETAGE est la façon la plus efficace qu'a le chien de rappeler son existence à ceux qui passeront par là.

- ✱ « TAILLE MOYENNE, PARFAITEMENT FONCTIONNEL » est ce qu'un chien lira dans les « matières résiduelles » d'un congénère.

AUTRES ESPÈCES

Les singes qui vivent dans les arbres ne peuvent pas pelleter la terre à la manière des chiens, mais ça ne les empêche pas de disséminer leur odeur. Par exemple, le capucin urine sur ses paumes et la plante de ses pieds avant de grimper dans un arbre afin d'y laisser sa marque.

POURQUOI MON CHIEN AIME-T-IL SE VAUTRER DANS TOUT CE QUI PUE ?

Q

« J'ai eu des chiens de race et de comportements très différents : lévriers afghans, terriers, etc. Mais tous, sans exception, aimaient se vautrer dans n'importe quoi qui sentait mauvais. On parle ici d'excréments de renard, de créatures en décomposition ou de substances non identifiées ; le seul critère important apparemment était l'odeur absolument repoussante de la chose en question. Pourquoi les chiens font-ils ça ? »

R

Selon les spécialistes du comportement canin, il n'y a pas de réponse définitive à cette question. En fait, ce sont les études sur le loup qui nous offrent quelques pistes d'explication intéressantes. Les chercheurs ont d'abord cru que celui-ci se frottait à des substances malodorantes pour tenter de masquer sa propre odeur et ainsi prendre ses proies par surprise. On dit aussi que le loup se recouvre de l'odeur d'une trouvaille quelconque, disons une charogne, pour se vanter de sa prise auprès des membres de sa meute. Une troisième hypothèse veut que le loup cherche plutôt à transmettre sa propre odeur à la chose morte pour indiquer qu'elle lui appartient, ce qui n'est guère plus ragoûtant.

Par ailleurs, on suppose que tant les loups que les chiens adorent s'étendre de tout leur long dans des matières visqueuses et nauséabondes tout simplement parce qu'ils trouvent que ça sent bon.

    Cette explication n'est pas aussi absurde qu'elle en a l'air quand on sait que nos parfums les plus chers sont carrément faits à partir d'ingrédients organiques (spermaceti, musc et ainsi de suite). Nous trouvons qu'ils ont un arôme divin, mais nul doute que les chiens préfèrent leur eau de mouffette. **En fait, quiconque a vu l'expression rayonnante de bonheur d'un chien en train de se rouler dans un tas de choses puantes, croira qu'il le fait par pur plaisir et pour masquer sa propre odeur.**

- **QUE ÇA SENT BON !** Mais vous pouvez ne pas être d'accord avec lui. Chose certaine, il a l'intention de se couvrir littéralement de cette odeur.

- **AVANT DE JUGER,** pensez aux ingrédients qui composent votre parfum préféré. Les chiens sont-ils vraiment plus étranges que les êtres humains ?

POURQUOI MON CHIEN HÉSITE-T-IL À SE JOINDRE À UN GROUPE DE CHIENS QUI S'AMUSENT ?

Q

« En général, Titan n'est pas timide ni effacé : il est énergique et il a toujours envie de jouer avec les gens et les chiens qui le visitent sur son territoire. En fait, quiconque le voit chez nous est convaincu qu'il adore les autres chiens. Mais au parc, c'est une tout autre histoire. Devant un groupe de chiens qui jouent ensemble, il se cache derrière moi comme s'il avait peur. Il jette des coups d'œil furtifs tout autour et il a l'air inquiet. Mais au bout d'environ cinq minutes, il se joint au groupe et commence à s'amuser avec les autres chiens. Comment expliquer cette timidité aussi soudaine que passagère ? »

R

Le comportement de Titan peut avoir deux causes : soit il n'est à l'aise qu'en terrain connu et il calcule qu'au parc il ne maîtrise pas la situation (c'est l'explication la plus évidente), soit il associe au parc un événement pénible dont vous n'avez peut-être même pas eu connaissance ou auquel vous n'avez attaché aucune importance.

On entend souvent dire que Chienchien a décidé « sans raison » d'aimer ou d'avoir peur de quelque chose. Or, en temps normal, les chiens ne prennent pas de décision sans raison. Le fait est que la logique canine est différente de la logique humaine : chien et humain ne sont pas traumatisés par les mêmes incidents.

Disons que Titan a eu une petite bagarre avec un gros chien noir au parc. Ça n'a duré que quelques minutes et il n'y a pas eu de mal. À vos yeux, c'était un incident sans importance. Mais, pendant un moment, Titan a eu une peur bleue et a associé ce sentiment négatif au parc plutôt qu'aux gros chiens noirs ou même à l'animal en question, comme vous l'auriez fait. Ça peut vous sembler irrationnel, mais c'est la logique canine.

Comment convaincre Titan qu'il n'a plus de raison d'avoir peur? Les caresses et les encouragements ne seront d'aucune utilité. Votre chien y verra la confirmation de ses craintes. C'est en vous comportant vous-même avec calme et confiance que vous lui ferez sentir que tout est rentré dans l'ordre. Si vous ne faites pas d'histoire à propos d'une éventuelle menace, il comprendra qu'il n'y a pas lieu de s'en faire. Manifestement, il aime jouer. Au bout de quelque temps et de quelques parties de plaisir avec ses congénères, il finira par surmonter sa peur.

✱ LA PRUDENCE EST DE MISE. Votre chien a raison de prendre le temps de comprendre la structure du groupe et d'identifier le chien dominant, avant de se lancer dans le jeu.

POURQUOI MON CHIEN LAISSE-T-IL TOUJOURS MA CHIENNE URINER EN PREMIER ?

Q

« J'ai deux terriers Jack Russell, une femelle de trois ans, Anita, et un mâle de quatre ans, Frankie. Lorsque je les fais sortir après quelques heures passées à l'intérieur, je remarque que Frankie laisse toujours Anita uriner en premier. Dès qu'elle a fini, il se précipite et lève la patte exactement là où elle s'est soulagée. Pourquoi ? Agirait-il de la même façon s'il avait affaire à un mâle ? »

R

D'instinct, il couvre la marque d'Anita avec la sienne. Quiconque a dû sortir par un soir de grand froid avec quelques chiens a remarqué que le rituel de miction peut être très compliqué pour la gent canine. **Chaque chien cherche à couvrir la marque de l'autre avec sa propre urine. C'est à qui pissera en dernier. C'est assez amusant à observer, mais les chiens, eux, prennent la chose très au sérieux.**

Par l'urine, le chien marque son territoire et laisse de l'information essentielle sur son identité à l'intention de ceux qui le suivront. Il cherche aussi à couvrir la marque de ceux qui l'ont précédé. Dans ce cas, soit il revendique la « propriété » d'un autre chien (souvent le cas d'un mâle passant derrière une femelle), soit il veut que sa marque soit la dernière et, donc, la plus évidente, pour tous ceux qui passeront par là après lui.

Frankie ferait-il la même chose s'il avait affaire à un mâle ? Cela dépendrait de leur rang respectif au sein de la meute (c'est-à-dire votre famille) et de l'importance que chacun y accorderait. Certains chiens sont très sensibles à la hiérarchie, d'autres pas du tout.

Ce comportement n'est pas le propre du mâle. La femelle peut vouloir couvrir la marque d'un autre chien. Cela sera plus difficile pour elle si le chien a levé la patte sur un arbre ou une borne-fontaine. Mais ce n'est pas un obstacle insurmontable. On a déjà vu des femelles, très préoccupées par la hiérarchie, lever la patte « comme un homme » pour uriner exactement là où il fallait afin de laisser leur marque en dernier.

* **DANS L'UNIVERS CANIN,** celui qui urine en dernier envoie un important message sur son statut à tous ceux qui passent derrière lui.

* **« JE CROIS QUE C'ÉTAIT UN GROS CHIEN ».** Nous ne pouvons pas savoir exactement quel message le chien laisse sur les arbres et les bornes-fontaines, mais ceux qui le suivront le liront avec intérêt et parfois y ajouteront leur grain de sel.

POURQUOI MON CHIEN N'EST-IL PAS CAPABLE DE JOUER GENTIMENT AVEC LES AUTRES CHIENS ?

Q

« Charlot est un berger malinois qui vient tout juste d'avoir deux ans. Bien que nous l'ayons socialisé quand il était encore tout jeune, il ne semble toujours pas à l'aise de jouer avec d'autres chiens. Quand il se retrouve dans un groupe, il ne participe pas vraiment ; il agit plutôt comme un policier qui surveille le jeu. Dès que deux chiens s'amusent ensemble, il intervient pour les séparer, mais sans faire mine de vouloir jouer. Pourquoi fait-il cela ? Est-ce dû à sa personnalité ou à une quelconque mauvaise habitude que nous aurions dû prévenir quand il était petit ? »

R

Vous êtes une fine observatrice. Le comportement que vous décrivez est typique du chien à la fois jeune, plutôt angoissé et très conscient de son statut. Selon toutes probabilités, Charlot souhaiterait dominer la situation en gagnant le respect de ses congénères, mais il manque d'expérience et de crédibilité pour cela. Il se contente donc d'interrompre leur jeu. C'est un aspirant-chef, et ce genre de chien a beaucoup de difficulté à apprendre à relaxer.

Autrefois, on croyait que les loups étaient continuellement en conflit entre eux parce qu'ils prétendaient tous au titre de chef de meute. Or, de récentes études ont démontré que l'ancêtre du chien est très coopératif et, qu'à l'intérieur de sa meute, il assume

le rôle qui lui convient le mieux. En réalité, ces animaux soi-disant sauvages se battent beaucoup moins souvent que ne le croient les humains.

Les chiens sont aussi capables de telles subtilités. Au cours d'une séance de jeu, on peut les observer dans toutes sortes de rôles : poursuivant et poursuivi, dominant et dominé, etc. Il est probable que Charlot soit beaucoup trop préoccupé par cette distribution pour être heureux de jouer en toute simplicité. Il doit être convaincu qu'un autre chien le défiera si jamais il baisse la garde. Un peu comme un enfant nerveux choisit le camp de l'intimidation, il s'est autodésigné gardien de l'ordre.

Les aspirants-chefs comme Charlot sont souvent soulagés quand un être humain prend les choses en mains. Pour renverser la vapeur, distrayez-le et rétablissez vous-même l'ordre au sein du groupe. Par exemple, faites asseoir les chiens en ligne avant de leur donner une friandise.

✱ **LE JEU FONCTIONNE MIEUX** si les participants ne sont pas trop préoccupés par leur statut au sein du groupe.

✱ **ADAPTEZ LE JEU À LA RACE DE VOTRE CHIEN.** Les lévriers, par exemple, aiment bien courir l'un à côté de l'autre sans nécessairement se toucher.

AUTRES ESPÈCES

Quelle que soit leur espèce, les cadres moyens qui aspirent à s'élever dans la hiérarchie de leur groupe risquent de trouver la vie plus difficile que les véritables leaders ou ceux qui sont contents de leur position. Selon une étude, les groupes de mangoustes naines ont un système hiérarchique très rigide, et elles semblent plus heureuses que les animaux qui doivent se battre pour maintenir leur rang.

POURQUOI MON CHIEN S'ASSOIT-IL QUAND UN AUTRE CHIEN S'APPROCHE DE LUI ?

Q

« J'ai une chienne retriever de presque trois ans, Maya. Plutôt timide, elle ne correspond pas du tout au stéréotype du retriever exubérant. Elle déteste se faire bousculer par les chiots ; elle préfère jouer tranquillement avec quelques chiens plus vieux qu'elle. Lorsqu'un chien inconnu s'approche d'elle, elle s'assoit (ce doit être instinctif, car ce n'est pas quelque chose que nous lui avons appris) ; elle va même parfois jusqu'à s'étendre. Si l'autre chien est gentil, elle se lèvera au bout d'un moment pour se présenter en bonne et due forme. Mais pourquoi commence-t-elle par s'asseoir ? »

R

Maya est prudente de nature et préfère le calme. Elle s'assoit parce que c'est un signal pacificateur immémorial que tous les chiens semblent reconnaître. Elle ralentit ainsi les ardeurs des jeunes chiens exubérants qui brûlent parfois les étapes des présentations et passent directement à l'invitation au jeu (avec les pattes avant étendues au sol et l'arrière-train dans les airs).

Lorsqu'elle s'assoit, renifle le sol, bâille ou se gratte inopinément (voir pages 10-11), **Maya utilise son langage corporel pour calmer les choses et se donner du temps, un temps dont elle a besoin pour se préparer à faire connaissance avec un chien qui s'approche d'elle.**

Selon une théorie mise de l'avant par certains spécialistes, les chiens se reconnaissent entre eux par des caractéristiques physiques auxquelles ils associent des comportements types. Ce qu'ils voient en Maya, c'est un retriever censé aimer jouer avec entrain. Votre chienne doit donc se faire approcher par des chiens sautillants plus souvent qu'à son tour. En s'assoyant ou en se couchant, elle leur signifie que, peu importe son apparence, elle préfère jouer tranquillement ! Observez-la ; a-t-elle la gueule fermée et tendue et le museau crispé ? Ce sont des signes qui trahissent la peur ou le stress. Si au contraire Maya reste calme, c'est qu'elle fait preuve d'intelligence sociale et qu'elle assume très bien sa timidité.

* **UN CHIEN QUI S'ASSOIT DÉCOURAGE** un congénère trop rapide ou trop exubérant.

* **EST-IL VRAIMENT SI INTÉRESSÉ QUE ÇA** par ce qui traîne par terre ou est-ce qu'il fait plutôt preuve d'une saine prudence devant un chien inconnu ?

POURQUOI MON CHIEN SE MET-IL À L'ARRÊT EN POINTANT LA PATTE LORSQU'IL VOIT QUELQUE CHOSE QUI L'INTÉRESSE ?

Q

« J'ai adopté un chien dans un refuge, et je ne suis pas sûre de ses origines. Assez élancé, il a l'air d'un lévrier croisé avec un chien de chasse plus costaud. Il est toujours prêt à poursuivre tout ce qui est petit et poilu, bien qu'il ne soit pas assez rapide pour attraper les lapins et les écureuils. Le plus remarquable, c'est que chaque fois qu'il voit au loin une créature qui l'intéresse, il s'immobilise. Il se met à l'arrêt et pointe la patte comme un chien entraîné pour la chasse. Est-ce que tous les chiens font cela ou est-ce un comportement propre à certaines races seulement (ce qui m'aiderait à déterminer ses origines) ? »

R

Les experts ne s'entendent pas sur ce sujet. La plupart des chiens pointent la patte dans toutes sortes de situations. Un chien qui s'apprête à saluer un congénère qu'il n'a jamais rencontré soulèvera ainsi la patte en signe d'incertitude. Ce peut aussi être un geste pacificateur, surtout à l'intention d'un être humain. C'est également ce que fait un chien à la vue de quelque chose qui suscite son intérêt, une proie par exemple.

Selon certains spécialistes, le véritable chien d'arrêt pointe plus longtemps que la moyenne, car il est extrêmement concentré et se prépare à passer à l'action. D'autres experts soutiennent que des siècles de dressage ont inculqué ce comportement au chien de chasse pour qu'il donne le temps à son maître de se préparer à tirer. **Les véritables chiens d'arrêt ont probablement été davantage utilisés pour façonner la race, de sorte que le pointage est devenu caractéristique de certains chiens qu'on dit « d'utilité ».**

Peu importe que l'arrêt soit un comportement purement instinctif ou en partie le résultat de l'intervention humaine, on le retrouve dans presque toutes les races de chiens, depuis les terriers jusqu'aux très petits chiens, en passant par les épagneuls et les schipperkes. Même les chiens qui n'ont jamais été à la chasse de leur vie peuvent maintenir la pose pendant un temps étonnamment long. En fin de compte, il semble qu'une combinaison de dressage et d'élevage ait permis d'adapter un comportement canin naturel et instinctif aux besoins humains.

* **INSTINCT OU DRESSAGE ?** L'arrêt semble faire partie du code génétique de nombreuses races de chiens de chasse.

* **PROIE À L'HORIZON !** Le fait qu'un chien se penche vers l'avant en soulevant son arrière-train ne signifie pas toujours qu'il veut jouer. Il se peut qu'il ait vu une proie.

AUTRES ESPÈCES

Certaines espèces ont des comportements très élaborés quand elles vont à la chasse. Les araignées mygalomorphes dressent des embuscades très complexes pour attraper leurs minuscules proies, tandis que les chimpanzés utilisent des outils pour traquer des galagos et d'autres petits animaux. Bien qu'il soit acquis, le comportement du chimpanzé est considéré par les chercheurs comme plus développé que celui, instinctif, de l'araignée.

POURQUOI MON CHIEN, SI INTELLIGENT HABITUELLEMENT, NE COMPREND-IL PAS LES RUDIMENTS DU DRESSAGE ?

Q

« Je suis en train de dresser Caillou, un chien de race croisée de sept mois, et j'ai de la difficulté à lui faire comprendre certains ordres. Si je me tiens devant lui et que je lui dis de venir, il reste cloué sur place. Mais il me suit dès que je tourne les talons. Et il vient vers moi quand je lui dis « Reste ». Ça fait des semaines que ça dure. Pourtant, Caillou apprend rapidement, il réagit correctement à d'autres ordres et il apprécie les séances de dressage. Qu'est-ce qui se passe ? »

R

Les chiens ne comprennent pas vraiment le sens des mots, à tout le moins, c'est ce que nous croyons. Lorsque Caillou essaie de comprendre ce que vous voulez lui faire faire, il enregistre toutes sortes d'informations en même temps – le son de votre voix, l'expression de votre visage, la position de votre corps – tout en se demandant ce qu'il doit accomplir pour avoir la friandise au poulet que vous tenez à la main. **De plus, comme les chiens sont sensibles aux moindres variations du langage corporel des humains, il se peut que Caillou trouve que vos mouvements contredisent le son de votre voix.**

Demandez à quelqu'un de vous observer en silence pendant que vous donnez des ordres à Caillou, y compris ceux qu'il ne semble pas comprendre. Peut-être la personne remarquera-t-elle que vous bougez toujours de la même façon peu importe ce que vous dites à votre chien, ce qui expliquerait pourquoi il est déconcerté. Peut-être aussi que vous vous tendez légèrement quand vous lui donnez un ordre qui cause problème et qu'il sent votre incertitude.

À propos, ne vous tenez pas face à Caillou lorsque vous voulez qu'il vienne vers vous. Dites-lui « Viens » en vous éloignant. S'il vous suit, c'est qu'il a compris.

✶ LORSQUE VOUS VOULEZ FAIRE COMPRENDRE « VIENS » à votre chien, n'oubliez pas qu'il aura tendance à vous suivre si vous vous éloignez.

✶ SI VOUS VOUS PENCHEZ vers votre chien et entrez dans son espace, peu importe ce que vous lui direz, il ne viendra probablement pas vers vous. Si en plus vous tendez la main vers lui, il sera convaincu qu'il ne doit pas bouger.

POURQUOI MON CHIEN TRANSFORME-T-IL PARFOIS LE JEU EN VÉRITABLE BAGARRE ?

Q

« Mon chien Gaillard adore jouer à poursuivre les autres chiens et à se chamailler avec eux. Mais, j'ai parfois l'impression que le jeu devient trop intense pour lui et qu'il cherche la bagarre. Ça m'inquiète, même si rien de grave n'est encore jamais arrivé. Y a-t-il moyen de savoir si les choses sont sur le point de se gâter entre deux chiens, et est-ce que je peux intervenir avant que ça tourne mal ? »

R

Si Gaillard est particulièrement excitable, il se peut qu'il s'énerve et que le jeu s'envenime. On ne sait pas si c'est d'abord le jeu ou simplement l'interaction physique qui s'intensifie. **Mais, chose certaine, vous pouvez habituellement reconnaître les signes avant-coureurs d'une escalade de violence entre deux chiens.**

Si l'agressivité monte d'un cran chez Gaillard, son vis-à-vis s'en apercevra bien avant vous. En effet, les chiens saisissent rapidement les changements de comportement subtils entre eux. S'il se sent en danger, le partenaire de votre chien manifestera son malaise par des signes corporels évidents : face tendue, gueule fermée et corps près du sol.

Si Gaillard est surexcité, lui aussi aura les muscles de la face tendus et la gueule fermée (les chiens relax ont toujours la bouche béatement ouverte). De plus, entre les feintes, sa queue et tout son corps seront légèrement figés.

Comment devez-vous composer avec cette situation ? C'est simple, en faisant diversion dès que vous remarquez des signes de tension. N'attendez pas que les choses aillent trop loin. Appelez immédiatement votre chien et distrayez-le avec un jouet ou une friandise, ou encore, incitez-le à se reposer un moment. Intervenez dès les premiers signes de danger. Il se peut qu'à la longue, Gaillard ait plus de facilité à se maîtriser. À tout le moins, vous saurez que vous pouvez empêcher la situation de dégénérer.

* ÇA COMMENCE COMME UN JEU, mais ça peut se transformer en bagarre si les chiens sont surexcités.

* ÇA PEUT ÊTRE AMUSANT POUR UN CHIEN DE SE LIVRER À UNE LUTTE SANS MERCI, mais il vaut mieux éviter ce genre de situation s'il a tendance à oublier que c'est juste un jeu.

POURQUOI MON CHIEN A-T-IL BESOIN D'ALLER À DES SÉANCES DE SOCIALISATION ?

Q

« Comme nous vivons sur une ferme, je peux avoir plusieurs chiens. J'en ai cinq, dont Holga, ma dernière recrue, une chienne de huit mois que je suis allée chercher à la SPA. Un ami qui s'y connaît m'a recommandé de lui faire suivre des cours de socialisation. Est-ce vraiment nécessaire ? Elle s'est très bien adaptée à ses nouveaux compagnons. Tous s'entendent bien, jouent et font beaucoup d'exercice ensemble. N'y a-t-il pas suffisamment de chiens à la maison pour socialiser Holga au quotidien ? »

R

Votre ami a eu une bonne idée, mais même des séances de socialisation ne seront pas suffisantes pour Holga. Actuellement, elle vit toutes sortes d'expériences domestiques, mais elle ne se frotte pas à l'inattendu. Elle apprend à vivre sur une ferme avec quatre autres chiens. C'est vraiment génial, mais que se passera-t-il quand elle devra faire face à quelque chose qui se situe en dehors de ce cadre « normal » ? La meilleure façon de l'y préparer consiste à l'exposer au plus grand nombre d'expériences possible, pas seulement à d'autres chiens, mais à des bruits, des environnements et des gens différents.

Les séances de socialisation lui montreront qu'il y a une vie en dehors de sa petite meute, et elle y apprendra à développer son langage corporel. Quant aux autres expériences, elles l'aideront à accueillir tout ce que la vie a à lui offrir, avec la confiance et l'entrain dont elle fait preuve au quotidien.

De plus, comme Holga a fait un séjour à la SPA, vous ne savez pas quel genre de vie elle a eue avant que vous ne l'adoptiez. En l'exposant à différents milieux et à différentes personnes, vous aurez l'occasion de vérifier qu'il ne subsiste pas en elle des peurs qu'elle aurait enfouies profondément. Si, par exemple, elle vivait attachée à un poteau dans une usine bruyante, elle pourrait fortement réagir à des bruits semblables à ceux de son ancien environnement. On a toujours intérêt à connaître autant les limites que les forces de son chien.

✱ VOTRE CHIEN SERA HEUREUX D'ENTRETENIR DE BONNES RELATIONS avec plusieurs de ses congénères à la maison, mais cela ne le préparera pas à faire face à l'inattendu.

✱ LES SÉANCES DE SOCIALISATION permettent au chiot de faire connaissance avec différents types de chiens et d'élargir sa gamme d'expériences.

AUTRES ESPÈCES

Chez les hiboux, les chats, les ours et bien d'autres animaux, ce sont les parents qui socialisent les petits. Cette tradition atteint des sommets chez certains crocodiles : lorsque les adultes doivent s'absenter pour chasser, ils chargent l'un d'eux de veiller sur leurs petits dans ce qui paraît être ni plus ni moins une garderie.

POURQUOI MON CHIEN A-T-IL LE POIL DU COU CONSTAMMENT DRESSÉ ?

Q

« Keji, mon jeune berger allemand s'excite facilement. Parfois, les gens me font remarquer la longue crête de poils dressés sur son cou et son dos lorsqu'il socialise ou qu'il joue avec d'autres chiens. Je croyais que cela arrivait seulement quand un chien était sur le point de se battre. Mais Keji ne se bagarre jamais et il s'entend très bien avec les autres chiens. Alors pourquoi cela lui arrive-t-il ? »

R

Parce qu'il est très excité. Chez le chien, ce phénomène se produit plus ou moins souvent et avec plus ou moins d'intensité. Certains ont toujours le poil à plat, d'autres toujours en éveil. Il est vrai que le poil dressé peut être un signe d'agressivité, mais il est faux de dire qu'on l'observe uniquement chez les chiens agressifs. D'après ce que vous dites, Keji n'a pas envie de se bagarrer avec ses congénères, il est plutôt transporté par leur présence.

Le poil dressé indique simplement qu'il y a de l'intensité dans l'air. C'est une réaction physique à un fort stimulus, peu importe sa nature. Pour savoir de quoi il retourne avec Keji, observez ses autres signaux corporels. **S'il a le poil dressé, la gueule ouverte, la face détendue et la queue qui remue, c'est qu'il s'amuse vraiment beaucoup.** Par contre, s'il est un peu trop tranquille, et qu'il a la gueule fermée et les oreilles couchées, il est temps que vous interveniez.

Les chiens sont passés maîtres dans l'art de manifester ce qu'ils ressentent. Il suffit d'apprendre à décoder leurs messages. Entre chiens, il n'y a pratiquement jamais de malentendus ; il est rare en effet qu'un chien interprète de travers l'humeur d'un congénère. Malheureusement, on ne peut pas en dire autant des êtres humains.

✶ SI UN CHIEN A LE POIL DRESSÉ, c'est simplement qu'il est excité. Mais vous ne saurez pas nécessairement pourquoi.

✶ CHEZ LE CHIEN, l'excitation se traduit par divers signaux corporels : le poil dressé, mais aussi les oreilles, la queue, la face.

POURQUOI MON CHIEN RÉAGIT-IL MIEUX AUX ORDRES DONNÉS À VOIX BASSE ?

Q

« Mon conjoint et moi avons dressé Isidore en veillant à ce que son entraînement soit cohérent : peu importe qui de nous deux dirigeait la séance, nous lui donnions les mêmes ordres, accompagnés des mêmes gestes. Mais Isidore obéit beaucoup plus immédiatement à mon conjoint. Celui-ci est convaincu que c'est parce qu'il a plus d'autorité que moi. Je pense plutôt que c'est parce que sa voix est plus basse que la mienne. Qui de nous deux a raison ? »

R

Vous, probablement. Lorsqu'on veut attirer l'attention d'un chien, c'est le ton qui compte. Les mots ne sont pas aussi importants, car ils n'ont pas de sens pour lui. D'ailleurs, on recommande toujours au débutant de parler à son chien avec entrain et fermeté, et de lui donner un ordre une seule fois, en se comportant comme s'il était hors de question qu'il résiste.

Il peut y avoir des tas de raisons qui font qu'Isidore fait plus attention à votre conjoint qu'à vous. Faites votre examen de conscience. Y a-t-il de l'hésitation dans votre voix ? Avez-vous l'air de vous excuser ? Répétez-vous l'ordre plusieurs fois sur un ton de plus en plus aigu (ce qu'Isidore peut comprendre comme étant une invitation au jeu) ? Vos gestes contredisent-ils vos ordres (voir pages 60-61) ? Observez ensuite votre conjoint lorsqu'il donne des consignes à Isidore. Sa voix est-elle basse et ferme, a-t-il un ton sans concession? Donne-t-il une récompense à Isidore dès qu'il commence à obéir? Si, par exemple, vous dites «Viens» à votre chien, vous devez le féliciter ou le récompenser dès qu'il se met en mouvement et non pas seulement une fois qu'il est à côté de vous, immobile.

Si vous avez de la difficulté à attirer l'attention d'Isidore, faites un bruit qu'il ne pourra pas prendre pour une invitation à jouer. Interpellez-le brusquement en disant «Hé!» ou en faisant «Psitt!». Il se tournera vers vous pour voir pourquoi vous faites ce son. Profitez de cette nanoseconde d'attention pour lui donner un ordre d'une voix calme et enjouée.

* IL EST IMPORTANT QUE VOTRE CHIEN RÉAGISSE TOUJOURS DE LA MÊME FAÇON À UN ORDRE DONNÉ et ce, que vous le dressiez pour vous accompagner au quotidien ou en vue de le faire participer à des compétitions.

AUTRES ESPÈCES

Le chien a beau être intelligent, c'est le dauphin qui mérite la palme d'or dans la catégorie «coopération avec l'être humain». Les études ont démontré que non seulement il comprend ce qu'on attend de lui à la vitesse de l'éclair, mais il est capable d'anticiper la suite avec une mystérieuse exactitude. Son mode de pensée est remarquablement proche de celui de l'être humain.

POURQUOI MON CHIEN LÈVE-T-IL LA PATTE AUSSI HAUT POUR URINER ?

Q

« Mon petit terrier a toujours aimé sentir l'odeur que les autres chiens laissent sur les poteaux, les arbres, les clôtures, etc. À la ville comme à la campagne, il va son chemin reniflant ce qui, je suppose, est l'équivalent pour lui de nos nouvelles du jour. Mais lorsque lui-même urine, il lève la patte si haut qu'il risque de basculer. C'est drôle à voir, mais lui a l'air de prendre la chose très au sérieux. Pourquoi fait-il cela ? Espère-t-il passer pour plus gros qu'il ne l'est en réalité ? »

R

Nous avons déjà entendu le propriétaire d'un petit chien dire que son animal « pissait plus haut que lui ». Dans le cas le plus extrême, le chien, en équilibre sur ses pattes avant, grimpe littéralement sur l'arbre (le poteau ou la clôture) à l'aide de ses pattes arrière, afin d'uriner le plus haut possible. Les grands chiens en font rarement autant ; vous remarquerez qu'ils sont toujours à l'aise quand ils font pipi. Il est probable que votre chien se donne autant de mal parce qu'il est à la fois petit, conscient de son état, et avide de laisser sa marque à un niveau où même les gros chiens la remarqueront.

Les chiens excellent dans la lecture des marqueurs chimiques présents dans l'urine de leurs congénères. Ils savent qui est passé par là. On pense aussi qu'ils sont conscients de leur propre taille et qu'ils savent s'ils sont plus ou moins grands, gros, etc. que les autres. Votre chien s'arrange pour laisser sa marque à la hauteur du museau d'un plus grand nombre de chiens qu'il ne le ferait s'il urinait normalement. Il se peut aussi qu'il tente de couvrir l'odeur de ses prédécesseurs. Il vise donc une cible à la fois invisible et trop haute pour ses courtes pattes.

Cette préoccupation pour le pipi peut nous sembler bizarre à nous, être humains. **Mais lorsque vous verrez à nouveau votre petit chien s'efforcer de laisser sa marque là où les plus grands peuvent la lire, pensez qu'il n'a pas d'autre moyen de communiquer avec ceux qui ne sont pas là.** Vous avez fait une comparaison pertinente : pour le chien, l'urine est aussi passionnante et informative que le journal ou les courriels le sont pour vous.

* **UNE MARQUE LAISSÉE À BONNE HAUTEUR** a plus de chance d'attirer le nez (et l'attention) du chien qui passera par là plus tard.

* **« C'ÉTAIT UN GROS CHIEN CELUI-LÀ ! »** ou alors un petit avec un bon sens de l'équilibre et beaucoup de détermination.

3
VOTRE CHIEN ET VOUS

✻ Si vous avez acheté ce livre, c'est que le comportement de votre chien vous intrigue. Mais vous êtes-vous déjà demandé ce que LUI pensait de VOTRE comportement ? Ce chapitre porte sur les principales différences qui existent entre votre manière de voir le monde et celle de votre chien, ou du moins ce que les spécialistes en savent. Comment compose-t-il avec la mort, la peur, la solitude et le statut social, un aspect de la vie qui lui tient à cœur autant qu'à l'être humain ? Bien qu'on ne puisse pas savoir de façon certaine comment les chiens voient tout cela, leurs actions et réactions fournissent beaucoup d'indices fascinants qu'il s'agit ensuite d'interpréter.

POURQUOI MON CHIEN S'ÉLOIGNE-T-IL DE MOI QUAND J'ESSAIE DE LE SERRER DANS MES BRAS ?

Q

« Mon chien Malabar n'a pas peur de se faire flatter, mais il n'aime pas que je le serre dans mes bras. Je ne peux même pas lui mettre simplement le bras autour des épaules lorsque nous sommes assis l'un près de l'autre ; aussitôt que j'essaie, il sursaute et s'éloigne. Pourtant, il n'hésite pas à se coucher sur le dos pour que je lui caresse le ventre (il va parfois jusqu'à se coucher directement sur mes pieds pour que je m'occupe de lui). Ne devrait-il pas se sentir plus vulnérable sur le dos qu'assis près de moi ? »

R

Vous auriez plus de succès avec un gorille. Il serait peut-être surpris de voir que vous voulez l'enlacer, mais il comprendrait la signification de ce geste. Les singes ont l'habitude de s'étreindre, de se passer le bras autour des épaules, de s'épouiller mutuellement. Mais pas les chiens. Votre question témoigne d'un cas classique d'incompréhension humaine à l'égard de la gent canine.

Le chien associe l'étreinte à un geste de domination. Observez Malabar lorsqu'il se bagarre (ou joue vigoureusement) ; vous verrez qu'il cherche constamment à mettre la patte sur l'épaule de son adversaire (ou partenaire de jeu) pour se hisser au-dessus de lui et le dominer.

Quand vous mettez brusquement votre bras autour de ses épaules, c'est ce que votre chien comprend ; pas étonnant que ça le dérange et que ça le déconcerte.

Il arrive qu'un chien tolère une étreinte s'il connaît bien la personne à qui il a affaire, mais il est clair que cela ne lui procure pas autant de bonheur qu'à l'être humain. Par ailleurs, il essaiera de détourner cette marque d'affection en léchant la figure de la personne. C'est ce que font les chiots pour démontrer leur soutien ou leur attirance pour un chien plus âgé.

Malabar préfère de loin se coucher sur le dos pour se faire caresser le ventre. Il sait que vous n'êtes pas menaçant et c'est sa façon de vous le démontrer... tout en obtenant un traitement spécial au passage, car c'est un comportement auquel vous êtes entraîné à réagir.

* **VOUS ÊTES SIMPLEMENT EN TRAIN D'EXPRIMER** de l'affection, mais ce n'est pas la façon dont votre chien voit les choses.

* **CE N'EST QU'UN JEU,** mais le message sous-jacent est sérieux.

AUTRES ESPÈCES

À l'instar des chiens qui ne reconnaissent pas qu'une étreinte est un signe d'affection, nous, les humains, prêtons d'étranges intentions à certaines espèces. Ainsi, nous croyons que les loutres se laissent flotter sur le dos en se « tenant par la main ». Or, selon les spécialistes, ce comportement relève plus de la survie que de la tendresse. En effet, en maintenant littéralement le contact entre elles, les loutres restent groupées et peuvent dormir à la surface de l'eau en toute sécurité.

POURQUOI MON CHIEN NE SEMBLE-T-IL PAS REGRETTER LA MORT DE SON COMPAGNON ?

Q

« Pendant cinq ans, nous avons eu deux chiennes de race croisée (retriever et labrador) : Jade et Layka. Elles étaient inséparables. Mais Jade est décédée le mois dernier. Elle avait 11 ans. Sa mort nous a bouleversés, et nous nous attendions à ce que Layka ait le cœur brisé. Pas du tout. Elle fait comme si de rien n'était. Elle n'a perdu ni sa bonne humeur ni son appétit. Ne regrette-t-elle pas la disparition de sa compagne ? Les chiens ne comprennent-ils pas la mort ? »

R

C'est une question très intéressante. D'après ce qu'on nous a rapporté, les chiens ne réagissent pas tous pareillement à la perte d'un proche compagnon. Certains semblent prendre la chose à peu près comme les êtres humains : tristes et stressés, ils perdent l'appétit, n'ont pas envie de jouer et, selon toute probabilité, sont en deuil. D'autres, comme Kayla, n'ont pas l'air troublé, et ils ont le même niveau d'énergie et le même entrain qu'à l'accoutumée. On observe même un regain de vie chez certains chiens : ils constatent qu'ils n'ont plus à se battre autant qu'avant pour obtenir ce qu'ils veulent, et ils apprécient grandement cette situation. C'est du moins ce qu'en disent les spécialistes.

Certains sont tellement proches de leurs animaux domestiques qu'ils sont surpris de voir qu'ils ne réagissent pas comme eux. Eh bien, il est temps qu'ils se rendent compte que chiens et

humains n'appartiennent pas à la même espèce. Contrairement aux humains, les chiens sont incapables de faire semblant d'éprouver quelque chose qu'ils ne ressentent pas. Kayla réagit comme elle le fait parce qu'elle vit le moment présent, sans prévoir ni se souvenir de quoi que ce soit.

Dans cette perspective, c'est plutôt de voir un chien affligé par le deuil qui est surprenant et non le contraire. En réalité, de nombreux chiens sont très sensibles à l'atmosphère, et s'ils ont l'air abattu c'est parce qu'ils réagissent au malheur des êtres humains qui les entourent.

* LES CHIENS RÉAGISSENT différemment à la mort d'un proche. Certains semblent presque aussi tristes que les êtres humains, tandis que d'autres restent impassibles et du même coup nous rappellent que nous n'appartenons pas à la même espèce.

* LES CHIENS QUI ONT PERDU UN COMPAGNON savent-ils qu'ils ne le reverront plus jamais ou l'oublient-ils parce qu'ils vivent « ici-maintenant » ?

POURQUOI MON CHIEN SE MET-IL À RENIFLER LE SOL QUAND UN AUTRE CHIEN S'APPROCHE DE LUI ?

Q

« J'ai trouvé Loustic dans un refuge. Il a bon caractère, mais il n'est pas très sûr de lui quand il est avec d'autres chiens. Par exemple, ce n'est jamais lui qui fait les premiers pas pour jouer. En fait, il regarde intensément tout chien qui s'approche de lui. Mais plutôt que de faire connaissance avec le nouveau venu, il tourne la tête et se met à renifler furieusement le sol. Et quand il joue, il se lèche beaucoup le museau. Je l'ai remarqué parce que c'est quelque chose qu'il ne fait pas en temps normal. Faut-il que j'y comprenne quelque chose ou est-ce que ce sont juste des manies ? »

R

Loustic est peut-être timide, mais certainement pas mal à l'aise. Le reniflage et le léchage de museau (par petits coups rapides) sont des signaux de négociation qu'il envoie à l'autre chien. Il s'agit plus précisément de « signaux pacificateurs », ainsi baptisés par la célèbre dresseuse norvégienne Turid Rugaas, qui sont un vaste répertoire de comportements grâce auxquels les chiens se signifient clairement leurs bonnes intentions (voir pages 26-27).

Plutôt que de se précipiter vers un chien qu'il ne connaît pas (comme un chien sûr de lui pourrait le faire), Loustic prend du recul et indique en reniflant le sol qu'il n'est ni agressif ni menaçant. Chaque chien est conscient de la présence de l'autre, mais le vôtre laisse à son vis-à-vis le soin de faire les avances.

Il est tout à fait normal qu'un chien se donne de petits coups de langue sur le museau quand il joue. Ce sont autant de signes de reconnaissance à l'intention de son partenaire : changement de direction dans la poursuite, feinte, etc. Mais si Loustic se lèche constamment les babines (ou s'il n'arrête pas de bâiller), c'est qu'il est nerveux ou un peu stressé.

* LES SIGNAUX DE NÉGOCIATION ne sont pas hostiles. Ils dénotent une prudence tout à fait raisonnable.

* « JE NE SUIS PAS MENAÇANT. » Le chien qui s'allonge sur le dos à l'approche d'un congénère est très jeune ou très timide. Il émet un signal qui ne peut pas être mal interprété.

POURQUOI MON CHIEN N'EST-IL PAS CONSCIENT DE SA TAILLE ?

Q

« Je suis propriétaire d'un minuscule chihuahua. Figaro est un compagnon agréable et plein d'entrain, mais je le trouve un peu trop hardi à mon goût. Il accoste les chiens beaucoup plus gros que lui, et il fait fi de sa taille quand il joue ou côtoie des chiens grouillants. Ses congénères semblent s'accommoder de son assurance, mais ne devrait-il pas faire un peu plus attention ? »

R

Figaro ne craint pas qu'on lui fasse mal en raison de son rang dans la hiérarchie canine. C'est un chien dominant et il en est conscient ; c'est pourquoi il est confiant, peu importe les circonstances dans lesquelles il se trouve.

Vous auriez plus de raison de vous en faire s'il n'était qu'un aspirant-chef. Incertain de son rang dans l'échelle sociale, ce genre de chien essaie constamment de s'affirmer, une attitude beaucoup plus problématique que la domination assumée. **Un chien comme Figaro, qui s'attend à ce que ses congénères s'inclinent devant son autorité, obtient habituellement gain de cause.** Un tel degré d'estime de soi n'est pas rare chez les petits chiens de race. De plus, il se peut que vous réserviez un traitement spécial à Figaro à cause de sa taille, ce qui confirme son sentiment d'importance.

Évidemment, il risque un jour de rencontrer un chien vraiment agressif qui le prendra non pas pour un chien, mais pour une proie quelconque. Veillez à ce que Figaro vous obéisse en tout temps malgré son tempérament de chef. S'il accourt aussitôt que vous l'appelez, vous pourrez lui éviter la catastrophe.

* **LES CHIENS SONT AUSSI GROS** qu'ils le croient. Cette petite bête a l'assurance d'un chien qui fait 10 fois sa taille.

* **LES PETITS CHIENS QUI ONT UNE TRÈS HAUTE OPINION** d'eux-mêmes aiment bien se percher pour surveiller leur « royaume ».

AUTRES ESPÈCES

Il y a 65 millions d'années, une petite bête de la taille d'une souris cohabitait avec le dinosaure, l'animal le plus imposant de la planète. Toutes proportions gardées, elle avait le cerveau beaucoup plus gros. Elle ressemblait étrangement à certaines espèces de musaraignes qui existent encore de nos jours, alors que le dinosaure a disparu depuis longtemps. Comme quoi, il n'y a pas que la taille qui compte.

POURQUOI MON CHIEN ESSAIE-T-IL DE ME LÉCHER LE VISAGE QUAND JE LE GRONDE ?

Q

« Mon épagneul est très sensible à mes humeurs et à mon ton de voix. Lorsque je le gronde, il se précipite vers moi et essaie d'atteindre mon visage. Si je suis assise, il grimpe sur mes genoux et se met à me lécher la joue. Il a l'air complètement angoissé, et il faut que je le rassure et que je me laisse baver dessus un bon moment avant qu'il se calme. Pourquoi fait-il cela ? Est-il vraiment bouleversé ? »

R

Il n'est probablement pas bouleversé au sens où nous, êtres humains, l'entendons. Il réagit instinctivement à vos réprimandes. Au moment du sevrage, le louveteau (tout comme le petit du chien sauvage) lèche la face de sa mère et lui donne des petits coups de tête pour signifier qu'il a faim, qu'il est petit et sans défense et qu'il faut qu'on s'occupe de lui. C'est un comportement que l'on remarque aussi chez les chiens adultes. **Si un chien veut apaiser un congénère qui le domine dans la hiérarchie canine, il lui léchera vigoureusement le côté de la face pour implorer sa tolérance : « Je ne suis pas menaçant, lui dira-t-il ainsi. Regarde, je me conduis comme un chiot. »**

Ce comportement est programmé dans le cerveau du chien, et il persiste longtemps après le sevrage. C'est d'ailleurs le même instinct qui lui commande de se coucher sur le dos et d'exposer son ventre (un signe de grande vulnérabilité) devant quelqu'un de mécontent. Et si votre chien est bien élevé, vous aurez probablement remarqué qu'il cherche à atteindre le côté de votre visage ; un face-à-face serait en effet très impoli.

* **VOUS AVEZ L'IMPRESSION QU'IL VOUS EMBRASSE,** mais de son point de vue, il essaie simplement de vous apaiser.

* **SENS DESSUS DESSOUS.** Un chien qui expose son ventre se met dans la position la plus vulnérable qui soit pour lui.

POURQUOI MON CHIEN RÉPOND-IL AUX CHIENS QUI JAPPENT ?

Q

« Généralement, Philomène ne fait pas de bruit. Elle est vive et pleine d'énergie, mais elle n'a pas l'habitude de s'exprimer en jappant. Or, le chien de nos nouveaux voisins a littéralement des « quintes de jappements ». Ça lui arrive surtout le soir et ça ne dure pas longtemps, mais Philomène s'est mise à lui répondre. Le reste du temps, elle est aussi tranquille que d'habitude, mais quand l'autre chien aboie, elle l'imite et va parfois jusqu'à pousser des hurlements. Il peut être difficile de la faire taire. Que fait-elle au juste ? Répond-elle à l'autre chien ? Est-ce un comportement hérité de ses ancêtres qui vivaient en meute ? »

R

Philomène répond effectivement à l'autre chien. Les aboiements que vous décrivez sont typiques d'un animal qu'on a laissé seul. En l'absence des autres membres de sa meute, il cherche à prendre contact avec le monde extérieur pour lui rappeler son existence. En jappant en retour, Philomène lui fait savoir qu'elle est là et qu'elle l'a entendu.

Les loups et les chiens sauvages ne hurlent pas nécessairement plus que les chiens domestiques, mais à l'origine ils le faisaient pour des raisons de sécurité : pour avertir leur meute d'un danger imminent, de la présence d'une créature inconnue, etc.

De nos jours, le chien domestique jappe parce qu'il est seul (sa meute ou sa famille l'a abandonné et il veut savoir s'il y a quelqu'un quelque part) ou parce qu'il est excité (par le jeu ou la frustration si on l'empêche de faire quelque chose). Le hurlement que vous décrivez est intéressant. Quiconque a regardé de vieux westerns sait que le loup hurle davantage que le chien. Peut-être que Philomène cherche à réunir sa propre meute comme le ferait un loup. Mais peut-être aussi qu'elle cherche à rendre service au chien voisin en signalant à sa meute perdue qu'il est là, tout près.

* **LE HURLEMENT** est l'un des cris les plus primitifs du chien domestique.

* **AU QUOTIDIEN**, les chiens s'expriment davantage en bougeant qu'en aboyant.

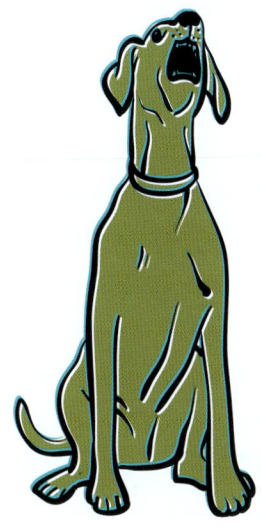

AUTRES ESPÈCES

Le porc est sans doute le plus expressif des animaux domestiques : il utilise plus d'une vingtaine de cris qui ont chacun un sens précis. Mais les champions de la vocalise sont les mammifères marins – baleines, dauphins et marsouins. Comme ils ne peuvent pas vraiment se fier à leur vue et à leur odorat dans les profondeurs de l'océan, ils ont développé un système d'écholocalisation très poussé.

POURQUOI MON CHIEN ABOIE-T-IL APRÈS LES VÉLOS ET GRONDE-T-IL DEVANT UN HOMME PORTANT UN CHAPEAU ?

Q

« Célestin avait six mois quand nous en avons fait l'acquisition il y a près d'un an. Nous ne l'avons donc pas connu petit. C'est un chien de race croisée et de taille moyenne. Il s'entend bien avec les gens et les autres chiens, et il est très tolérant avec nos enfants. En général, il est plutôt tranquille, mais deux choses le rendent fou : il ne peut pas voir passer un vélo sans se mettre à japper furieusement, et il devient à la fois excité et méfiant quand il rencontre un homme qui porte un chapeau. Pourquoi déteste-t-il ces deux choses, et que pouvons-nous faire pour le calmer ? »

R

Si vous n'avez pas participé à la socialisation de Célestin quand il était un chiot, vous ne saurez probablement jamais pourquoi les vélos et les chapeaux déclenchent ces comportements. **Selon les experts, c'est entre 8 et 12 semaines que le chien intègre la nouveauté et apprend à développer des stratégies pour composer avec l'inattendu.** S'il a des expériences négatives ou restreintes de l'univers humain pendant cette période clé, il se peut qu'il ait de la difficulté à s'adapter à de nouvelles choses plus tard.

Bien que vous n'ayez aucun moyen de savoir si Célestin a déjà eu peur d'un homme portant un chapeau, vous pouvez l'aider à surmonter sa crainte actuelle en l'amenant graduellement à être en contact avec cet accessoire.

Demandez à un homme que Célestin connaît bien de s'asseoir pour lui donner des friandises tout en ayant un chapeau près de lui. Puis, petit à petit, associez chapeau et friandises : votre ami pourra mettre les friandises dans le chapeau, tenir le chapeau et les friandises dans la même main, etc. Allez-y doucement : les craintes de votre chien peuvent vous sembler absurdes, mais ce n'est pas à vous de décider ce qui lui fait peur ou non. C'est quand même à vous de l'aider à les régler.

Quant aux vélos, Célestin n'en a probablement pas peur ; sans doute qu'ils déclenchent simplement son instinct de poursuite. S'il voit une bicyclette à travers la fenêtre, il se peut qu'il jappe par frustration. Évidemment, vous n'avez pas intérêt à ce qu'il donne libre cours à son envie de la pourchasser. Essayez plutôt de le distraire pour changer ses habitudes et veillez à ce qu'il soit toujours en laisse dans les endroits où il est susceptible de rencontrer des cyclistes.

* **VOTRE CHIEN A LE DROIT D'AVOIR LES PEURS QU'IL A,** mais c'est votre devoir de l'aider à les surmonter.

* **PEUR OU ENVIE DE POURSUITE ?** Craint-il vraiment les vélos ou serait-ce plutôt qu'ils déclenchent son instinct de poursuite ?

POURQUOI MON CHIEN FAIT-IL COMME S'IL NE M'ENTENDAIT PAS QUAND IL POURSUIT UN ÉCUREUIL ?

Q

« Igor a été facile à dresser. C'est un chien très réceptif et obéissant, sauf lorsqu'il aperçoit un écureuil. Si je ne le tiens pas en laisse, il part comme une flèche et ne m'entend pas quand je le rappelle. Je comprendrais s'il était têtu en temps normal, mais ce n'est pas du tout le cas. Il est très fiable et c'est un merveilleux compagnon. Alors pourquoi m'ignore-t-il complètement quand il est excité par une proie potentielle ? »

R

Igor devient littéralement sourd quand il vit des sensations aussi fortes. Et s'il ne vous entend pas, il ne peut pas vous écouter. Gardez-le toujours en laisse sauf lorsque vous vous trouvez à la campagne, loin des animaux de ferme, dans un espace sûr où il ne serait pas catastrophique qu'il s'échappe. Prenez alors l'habitude de le rappeler vers vous à intervalles réguliers ; ne le laissez pas aller seul plus de quelques minutes pour qu'il n'oublie pas que vous êtes là. **S'il a coutume de revenir vers vous quand il n'est pas excité, vous aurez plus de chance qu'il vous entende quand il sera sur le point de réagir à quelque chose d'excitant,** c'est-à-dire avant qu'il atteigne un point de non-retour où l'instinct prend le dessus et le rend complètement sourd et muet à d'autre chose que sa proie et la poursuite.

✱ **VOTRE CHIEN PEUT ÊTRE** emballé au point où il ne vous entend littéralement pas, peu importe les hurlements que vous proférez.

✱ **LORSQU'IL EST CALME,** le chien peut être très intéressé (que fait cette poule ?), mais encore capable de vous accorder de l'attention. L'excitation ne l'a pas encore rendu sourd.

AUTRES ESPÈCES

L'excitation n'assourdit pas que les chiens. Des études ont démontré que de très forts stimuli rendaient les chats complètement insensibles à toutes formes de bruits, même très forts. La poussée d'adrénaline dans l'organisme aiguise certains sens et en émousse d'autres. C'est le cas de la réaction « de fuite ou de lutte ».

POURQUOI MON CHIEN EST-IL DÉCONCERTÉ QUAND JE CHANGE LA FAÇON DONT JE LUI DONNE DES ORDRES ?

Q

« Rosie est intelligente, mais elle ne comprend pas toujours mes demandes. Elle réagit bien aux variations de l'ordre « Viens », c'est-à-dire qu'elle accourt peu importe que je lui dise « Viens ici ! », « Ici ! », « Ici, fille ! » ou « Ici, Rosie ! ». Mais elle ne semble pas saisir la différence entre « Assise » et « Reste ». Jusqu'à quel point le choix des mots est-il important pendant l'entraînement ? Comment se fait-il que Rosie réponde bien aux différentes formes du même ordre, mais qu'elle mélange des ordres simples ? »

R

Votre chienne ne comprend pas vos directives parce qu'elle ne parle pas français. Lorsqu'elle essaie de saisir ce que vous lui demandez, elle réagit aux différents signaux que vous lui envoyez : votre ton, le registre de votre voix et votre langage corporel. Mais elle ne porte pas vraiment attention aux sons exacts que vous faites.

Comme pratiquement tous les chiens, Rosie comprend aisément l'ordre « Viens », car son exécution est bien récompensée. C'est la partie facile de l'entraînement. Si elle a de la difficulté à distinguer « Assis » et « Reste » c'est probablement parce que vous ne bougez pas quand vous lui donnez ces ordres. Elle a donc moins d'indices.

Lorsqu'on tente de dresser un chien, la cohérence entre les différents signaux qu'on lui envoie est cruciale. Un chien dont on dit qu'il est têtu est presque toujours simplement déconcerté : comme il ne comprend pas ce que l'humain veut de lui, il ne fait rien.

En fait, c'est à vous que s'adresse la véritable question. Pourquoi jouez-vous aux devinettes avec Rosie ? Elle a beau être intelligente (et elle l'est suffisamment pour réussir à capter les divers signaux que vous lui envoyez), elle s'en tirerait mieux avec des demandes claires et nettes. Ce serait plus simple pour vous deux et plus gentil pour elle. Trouvez une façon de lui demander de faire une chose et tenez-vous-y. Ne lui compliquez pas inutilement la vie. Bref, vous devez vous-même faire preuve d'assez d'intelligence pour lui enseigner les choses d'une manière qu'elle comprendra facilement.

* **LES CHIENS NE PARLENT PAS FRANÇAIS.** Vous devez donc les aider le plus possible lorsque vous leur demandez de faire quelque chose.

* **PARFOIS, LES MALENTENDUS** entre l'homme (ou la femme) et son meilleur ami sont dus à la confusion humaine et non à l'entêtement canin.

POURQUOI MON CHIEN NE VEUT-IL PAS JOUER ?

Q

« Nous sommes allés chercher un chien à la SPA il y a six mois. Rickie a quatre ans et a été horriblement maltraité dans le passé. Nous avons dû partir de zéro pour refaire son éducation et y aller très doucement avec lui. Mais il a progressé à pas de géant : sa fourrure est lustrée, il mange bien, il est propre, il est beaucoup moins timide qu'auparavant et il a l'air d'apprécier le contact avec les chiens calmes et plus âgés que lui. Mais il reste effrayé par tout ce qui est trop exubérant – chiens ou humains. De plus, il ne semble pas savoir comment jouer. Nous avons essayé des bâtons, des balles, des jouets mous, durs, qui font du bruit, mais aucun n'éveille son intérêt. Il les regarde tristement et détourne la tête. Ça nous brise le cœur. Est-il trop tard pour lui apprendre à jouer ? »

R

Pas nécessairement. Il se peut que Rickie soit trop nerveux pour s'amuser à se chamailler ou jouer avec tout un groupe de chiens, mais vous pouvez faire certaines choses pour l'inciter à se divertir. Si la nourriture le motive fortement (ce qui est souvent le cas des chiens qui ont souffert de la faim dans le passé), remplissez un jouet Kong de sa pâtée préférée ; en pleine canicule, essayez la sauce congelée proposée à la page 29. Rickie n'appréciera d'abord que la nourriture, mais peut-être qu'il finira par associer le jouet à cette expérience positive et en explorera les possibilités. Par la suite, offrez-lui une de ces balles qui renferment des friandises : il devra la manipuler pour atteindre ce qu'il veut, ce qui lui apprendra peut-être à s'intéresser à l'objet en soi et l'amènera éventuellement à tester d'autres jouets si l'expérience s'avère positive.

Contrairement au chien qui a eu la chance d'avoir un bon départ dans la vie, le chien qui a souffert de graves privations à un très jeune âge s'est surtout préoccupé de sa survie et a raté de nombreuses étapes de développement et de croissance. Rickie n'est déjà plus un adolescent et une bonne partie de son existence n'a pas été facile. Il n'est pas surprenant que le jeu ne fasse pas partie de ses priorités. Continuez à l'aider doucement à se développer et à s'intéresser à de nouvelles choses et, avec le temps, vous serez agréablement surpris.

* LE CHIEN QUI A DÛ LUTTER POUR SA SURVIE n'a pas eu l'occasion de découvrir le jeu.

* LE JOUET ATTIRERA probablement plus l'attention de votre chien s'il est rattaché à quelque chose qu'il apprécie déjà, comme de la nourriture.

AUTRES ESPÈCES

Des études ont démontré que les animaux pour qui il naturel de jouer quand ils sont petits semblent souffrir davantage que les autres quand ils sont isolés. Ainsi, le rat qui socialise et joue beaucoup plus que le cochon d'Inde, la gerbille et la souris, est beaucoup plus stressé qu'eux en l'absence d'interaction sociale.

POURQUOI MON CHIEN EST-IL SI POSSESSIF AVEC LE SOFA ?

Q

« Avec deux canapés et quelques fauteuils, il y a suffisamment de place dans notre salle de séjour pour que tout le monde puisse s'installer confortablement, y compris Paco, notre dogue d'un an. Mais depuis quelque temps, il bougonne quand je m'assois près de lui sur le canapé. La première fois, je l'ai simplement poussé et j'ai pris sa place. La deuxième fois, il a bougonné un peu plus fort (sans toutefois aller jusqu'à grogner), et comme j'étais un peu intimidée, je l'ai laissé tranquille. C'est un gros chien, mais jusqu'à maintenant, il a toujours été soumis et facile à dresser. Comment puis-je corriger ce comportement indésirable avant que la situation ne dégénère ? »

R

Vous avez raison de réagir. Tout propriétaire de chien imposant et puissant doit être certain d'être obéi. À un an, Paco est encore un ado et il cherche à savoir où il se situe dans la hiérarchie de la maisonnée. Vous devez lui signifier que c'est vous le chef de cette meute sans pour autant entrer en conflit avec lui. Mais ce ne sera pas chose facile. Dès qu'un chien se met à grogner parce qu'il se sent défié, l'être humain a perdu la partie. Si cela vous arrive, nous vous recommandons de consulter un professionnel.

Après avoir examiné sa position dans votre environnement, votre chien a décidé que c'était lui le chef ou du moins qu'il pourrait l'être. C'est en lui enlevant cette idée de la tête que vous réglerez le problème. Pour ce faire, resserrez les règles. Montrez-vous un peu plus ferme. Dorénavant, Paco devra mériter ses gâteries. Travaillez à partir de ce qu'il sait déjà faire. S'il vous amène la balle pour jouer, faites-le asseoir avant de la prendre et de la lancer. Puisque le canapé semble être important pour lui, commencez par lui offrir une friandise pour qu'il en descende et demandez-lui de s'asseoir avant de la lui donner. Faites la même chose avant de lui donner son écuelle ; ne la mettez pas par terre tant qu'il ne vous aura pas obéi. Si vous n'êtes pas la seule à le nourrir, veillez à ce que les membres de votre famille fassent comme vous et appliquent les règles de façon cohérente.

N'oubliez pas de garder votre bonne humeur. Vous devez être ferme, pas fasciste. Mais au bout du compte, il faut que Paco comprenne qu'il n'aura pas préséance sur vous et que c'est vous qui décidez de lui donner à manger et de s'amuser – ou non. Plus il intégrera ce message, plus il vous verra comme son chef, et son sentiment de possessivité par rapport au canapé disparaîtra.

✱ LE SENTIMENT DE POSSESSIVITÉ est fréquent chez les chiens, mais vous n'avez pas envie qu'il vise votre canapé.

✱ SI VOUS FAITES BIEN COMPRENDRE À VOTRE CHIEN qu'il est en votre pouvoir de lui donner à manger et de s'amuser, il vous respectera.

POURQUOI MON CHIEN DOIT-IL ME VOIR COMME SON CHEF DE MEUTE ?

Q

« Notre terre-neuve a maintenant deux ans. Quand nous en avons fait l'acquisition, j'ai acheté des tas de livres sur le dressage et le comportement canin. Je voulais être certaine de bien dompter cette grosse bête. Filou est un merveilleux chien ; il est d'un naturel calme, et son comportement ne nous a jamais inquiétés une minute. Pourtant, la plupart des ouvrages que j'ai consultés insistent beaucoup sur le fait que le chien doit voir son maître comme son « chef de meute ». Si j'en crois certains auteurs, je devrais forcer Filou à rouler sur le dos pour lui faire comprendre que je suis le patron et qu'il me doit obéissance. Dois-je vraiment faire cela ? »

R

On pourrait écrire un livre pour répondre à cette question, mais voici la version courte. Jusqu'à récemment, on croyait que le chien réagissait mieux au dressage oppressif et qu'il fallait constamment lui rappeler qui était le patron. Pour exercer un leadership semblable à celui d'un chef de meute (de loups ou de chiens sauvages), le maître devait littéralement dominer son chien.

L'amélioration des connaissances sur le comportement canin dans un contexte domestique et différentes études sur les animaux sauvages ont mis ces principes en doute. **De plus en plus, on considère que l'oppression comme méthode de dressage crée plus de problèmes** qu'elle n'en règle. En effet, le chien ainsi traité est déconcerté ou pire effrayé, car il ne comprend pas ce que son maître veut de lui. Probablement que vous avez lu des ouvrages de la vieille école.

Pourquoi chercher à changer ce qui fonctionne bien ? Votre animal ne vous cause aucun problème et vous a volontiers acceptée comme chef. Poursuivez sur votre lancée. Il existe des chiens qui, comme cela semble être le cas de Filou, ne se préoccupent pas de leur statut ; ce sont les plus faciles à vivre.

Et si jamais Filou développait un comportement indésirable, ce n'est pas en le punissant que vous pourriez redresser la situation. Selon l'avis des spécialistes, vous auriez plutôt intérêt à trouver la source du problème et à lui transmettre des messages qu'il comprendrait.

✳ CE N'EST PAS PARCE QU'IL EST GROS qu'il pensera qu'il peut faire la loi. Certains chiens sont vraiment dociles.

✳ UN CHEF DE MEUTE doit imposer le respect, peu importe la race ou la taille de ses sujets.

AUTRES ESPÈCES

Les moyens d'apaiser la colère d'un individu haut placé varient selon les espèces. Le babouin s'emparera d'un petit et le tiendra bien en évidence s'il voit un autre mâle qui lui est socialement supérieur foncer sur lui. Apparemment, la vue du bébé freinera la pulsion d'attaque de l'assaillant et réglera la situation.

4
RÉSOUDRE LES PROBLÈMES

✶ Avoir un animal de compagnie comporte son lot de plaisirs, mais aussi de désagréments. Peut-être que votre chien est trop possessif avec ses jouets, peut-être qu'il est difficile à dresser ou encore qu'il souffre de l'angoisse de la séparation. Dans les pages qui suivent, nous examinerons justement certains des soucis qu'il peut vous causer, et nous vous offrirons quelques pistes de solutions. Autrefois, on avait tendance à punir le chien, alors qu'aujourd'hui, on essaie de comprendre pourquoi il agit comme il le fait ; on cherche à remplacer ses comportements à problèmes par des habitudes qu'il aura plaisir à acquérir et que nous, humains, jugeons plus acceptables. Mais, s'il est vrai qu'on sait beaucoup plus de choses qu'il y a 20 ans sur la pensée canine, on ne comprendra jamais parfaitement le chien. Que voulez-vous, nous ne sommes pas de la même espèce.

POURQUOI MON CHIEN REMUE-T-IL LA QUEUE MÊME LORSQU'IL N'EST PAS CONTENT ?

Q

« J'ai toujours pensé qu'un chien qui remuait la queue était de bonne humeur, mais ça ne semble pas toujours le cas d'Alfred, mon schnauzer. Quand il m'accueille à la porte, il a la queue qui frétille et il ne fait aucun doute qu'il est ravi de me voir, mais parfois quand il est dans son panier et que je le flatte, il bouge aussi la queue, mais il n'a pas l'air content du tout, car il gronde. Dans ces cas-là, je m'éloigne calmement. Il ne s'est jamais montré plus agressif, mais je me demande si ce comportement ne cache pas quelque chose de plus grave. »

R

Je parierais que lorsque vous avez dérangé Alfred dans son panier, sa queue était raide et qu'il la bougeait lentement. Rien à voir avec un frétillement souple et enjoué. Je suis également à peu près certain qu'il tenait entre ses pattes quelque chose de précieux : un jouet qui fait du bruit ou un os sur lequel il y avait encore quelque chose à gruger.

On généralise à outrance lorsqu'on dit que la queue qui remue est un signe indiscutable de bonne humeur chez le chien. **En fait, en bougeant lentement la queue, Alfred vous donnait un avertissement : il vous indiquait qu'il n'était pas enchanté de vous voir approcher à ce moment-là.** Probablement que le reste de son corps était immobile et qu'il avait le regard fixe. Tous des signes dont vous n'avez pas tenu compte. Il est donc normal qu'Alfred soit passé à l'alerte orange en grondant. Si vous aviez aussi ignoré ce signe supplémentaire, il aurait probablement joué des mâchoires pour protéger son bien.

Pour comprendre votre chien, vous devez porter attention à son langage corporel. Non seulement vous vous éviterez ainsi de mauvaises surprises, mais vous le traiterez plus équitablement. Si une personne s'approche d'un chien bien qu'il l'ait prévenue de ne pas le faire, il est normal qu'il lui donne un autre avertissement encore plus clair (ce qui peut passer pour un comportement imprévisible), et il n'est pas juste qu'il se fasse réprimander pour cela.

Cela dit, la surprotection des objets est un comportement qui ne doit pas être encouragé. Pour habituer Alfred à donner ses jouets, offrez-lui quelque chose en échange, une friandise, par exemple. Mais rendez-lui l'objet aussitôt qu'il aura gobé sa gâterie. Si Alfred comprend le concept de l'échange et s'il le vit comme une expérience agréable, son comportement de surprotection finira par disparaître ou à tout le moins, s'atténuera.

* **N'OUBLIEZ PAS** qu'il y a autant de façons de remuer la queue que de sourire.

* **UNE QUEUE QUI FRÉTILLE JOYEUSEMENT** dit : « Je suis très détendu, c'est le temps de me lancer la balle. »

AUTRES ESPÈCES

Les animaux indiquent de différentes façons qu'il vaut mieux ne pas les déranger. Ça dépend de l'espèce. Mais un corps figé dénote presque toujours de l'incertitude, et est souvent le seul signe avant-coureur de quelque chose d'explosif. Les requins, les guépards et les ours font tous une pause avant d'attaquer, alors qu'ils n'hésitent jamais avant de fuir.

POURQUOI MON CHIEN M'IGNORE-T-IL QUAND JE CRIE ?

Q

« Balou vient tout juste de sortir de l'adolescence. C'est un chien de chasse très vif, qui a l'air d'avoir le sens de l'humour. Justement, j'ai de la difficulté à me faire prendre au sérieux par lui. On dirait qu'il ne comprend pas qu'à un moment donné, ce n'est plus le temps de jouer mais d'obéir. Par exemple, si nous allons au parc et qu'après avoir joué avec lui, je lui dis que c'est fini et qu'il faut rentrer, il n'a pas l'air d'entendre. Il gambade joyeusement vers moi, prêt à continuer à s'amuser. Puis, quand j'essaie de lui mettre son collier autour du cou, il file comme une flèche. Et ça ne sert à rien de lui crier après, il se remet à faire le fou de plus belle. Qu'est-ce que je fais qui ne marche pas ? Pourquoi ne m'écoute-t-il pas ? »

R

Il ne vous écoute pas parce qu'il ne comprend pas vos signaux. Certains chiens deviennent littéralement sourds quand ils sont très excités (voir pages 88-89), mais ce n'est pas le cas de Balou. D'après ce que vous dites, son indiscipline se manifeste quand il joue avec vous (et non avec un groupe de chiens) ; cela signifie qu'il vous entend, mais qu'il lit mal votre ton ou alors qu'il a décidé de ne pas le lire (un effet pervers de son sens de l'humour). Quoi qu'il en soit, il ne saisit pas ce que vous voulez. **Apparemment, les chiens ne font pas la distinction entre les différents sons proférés rapidement d'une voix**

aiguë et excitée. Vous aurez beau hurler « Ici ! Ici ! Ici ! », tout ce que Balou entendra ce sont des bruits semblables à ceux que vous faisiez pendant ce jeu si amusant qu'il veut continuer.

Vous devez faire quelque chose d'inhabituel pour attirer l'attention de Balou. Donnez-lui un ordre qu'il a coutume d'exécuter, mais en baissant considérablement le ton. Selon certains dresseurs, il suffit de s'asseoir avant d'appeler le chien ; ce geste imprévu peut le distraire momentanément du jeu. Et plutôt que d'arrêter brusquement de vous amuser pour passer à la discipline, cessez graduellement de jouer. Ralentissez le rythme, puis donnez-lui un ordre de rappel (peu importe lequel) sur un ton clair et entraînant. Si votre chien entend la différence dans votre voix, il sera plus à même de reconnaître ce que vous lui demandez.

✱ « JE NE T'ENTENDS PAS ! » Votre chien n'a pas nécessairement une mauvaise attitude ; il souffre simplement d'une surcharge de stimuli.

AUTRES ESPÈCES

Les animaux qui vivent en groupe ont l'habitude de s'échanger des signaux rassurants. Selon le primatologue Frans de Waal, les chimpanzés, les bonobos et les macaques s'indiquent que les choses sont rentrées dans l'ordre après une bagarre en adoptant des comportements amicaux qui vont de l'épouillage mutuel aux embrassades (dans le cas des chimpanzés).

POURQUOI MON CHIEN INTERVIENT-IL DANS LES BAGARRES DES AUTRES ?

Q

« J'adore les chiens. Actuellement, j'en ai quatre : deux mâles et deux femelles. Les deux jeunes mâles s'amusent beaucoup ensemble. Ils se chamaillent pas mal et se mordillent à qui mieux mieux, mais ce n'est jamais violent. C'est Arielle, ma femelle aînée, qui fait la loi. Elle ne se mêle pas des petits accrochages entre les trois autres, mais de temps en temps, elle s'interpose dans les disputes des deux plus jeunes. Elle se met littéralement entre eux et ne bouge pas jusqu'à ce qu'ils se séparent. Puis, elle retourne calmement sur le canapé. Que se passe-t-il au juste ? Devrais-je intervenir ? »

R

Surtout pas. Arielle est non seulement le chien dominant de votre meute, mais une habile négociatrice. Avec un tel animal, aucune intervention humaine n'est nécessaire. Ce que vous avez observé a été abondamment documenté par les spécialistes de la gent canine. **Arielle s'interpose parce qu'elle remarque qu'il se passe quelque chose de plus inquiétant qu'une simple rivalité hiérarchique entre vos deux autres chiens, quelque chose qui, selon elle, ne fait pas partie du jeu.** Elle refrène les ardeurs de chacun avant que les choses ne s'enveniment. Seul un chien calme, raisonnable et responsable peut mener à bien ce genre d'intervention. En fait, Arielle vous facilite la vie en tant que chef de meute.

Vous ne voyez probablement pas ce qu'elle capte dans le langage corporel des deux autres chiens. Ce peut être un imperceptible mouvement d'oreille, une légère tension dans la face ou la queue, un petit changement d'attitude. Selon certains chercheurs, un surcroît de stress chez le chien se révèle par une subtile variation de l'odeur qu'il dégage. C'est une théorie difficile à prouver étant donné le manque de finesse de notre odorat par rapport à celui du chien, mais elle est plausible.

Quoi qu'il en soit, Arielle saisit ce qui ne va pas avant que la situation ne dégénère et elle calme le jeu sans faire d'histoire. Puis, une fois qu'elle a fait le minimum nécessaire et qu'elle a rappelé tout le monde à l'ordre, elle retourne faire la loi depuis le canapé.

✱ SANS UN CHIEN DOMINANT pour prendre les choses en mains, un petit malentendu peut se transformer en véritable querelle.

COMMENT MON CHIEN AÎNÉ FAIT-IL POUR QUE LE CADET LUI CÈDE LA PLACE ?

Q

« J'ai deux chiens, Taco, cinq ans, et Tabasco, six ans, et il est évident que l'aîné a le dessus pour tout ce qui est important : jouets, nourriture, attention de la maîtresse. Quand nous nous assoyons autour du feu le soir, il se produit parfois un incident qui me dépasse. Taco s'installe dans le coin le plus confortable, puis il se lève soudain comme si une mouche l'avait piqué et il déguerpit. Tabasco prend alors immédiatement sa place. Pourtant, je ne l'ai pas vu faire quoi que ce soit, ni bouger, ni menacer, ni rien. Que s'est-il passé ? Y a-t-il un problème entre eux ? »

R

Non, il n'y a pas de problème. Tabasco est sainement conscient de son statut de chien dominant et n'a pas du tout l'intention de l'abandonner. Il prend la meilleure place parce c'est en son pouvoir. Qu'a-t-il fait pour effrayer Taco ? C'est quasi impossible à deviner pour un être humain, mais chose certaine, ça marche ! **Le langage canin est très subtil et ses variations nous échappent.** Pour rappeler à l'ordre un chien « inférieur », le chien dominant n'a parfois qu'à marmonner un grondement ou encore à le regarder d'un œil fixe, les muscles faciaux tendus.

Tout comme le professeur passé maître en discipline n'a pas à hausser la voix pour se faire écouter, un chien qui a naturellement de l'autorité n'a pas à faire toutes sortes de simagrées pour obtenir ce qu'il veut. Ne cherchez pas les signes évidents chez Tabasco ; observez plutôt les mouvements subtils, les infimes changements de position ou d'expression : un regard un peu figé, une queue qui arrête de bouger, un frémissement des oreilles. Ce sont des avertissements que Taco enregistrera.

Cette relation de pouvoir vous dérange peut-être, mais sachez que du point de vue de la gent canine, tout va bien. Taco et Tabasco connaissent très bien leur rang respectif dans la hiérarchie domestique et ils l'acceptent. Si junior déroge à une quelconque loi, senior n'a qu'à lui administrer une très légère correction pour que les choses rentrent dans l'ordre sans qu'aucun des deux en fasse tout un plat.

✶ UN REGARD QUI VAUT MILLE MOTS.
Les chiens s'envoient des messages beaucoup trop subtils pour que nous, humains, puissions les capter, encore moins les comprendre.

POURQUOI MON CHIEN CHERCHE-T-IL CONSTAMMENT DU RÉCONFORT AUPRÈS DE MOI ?

Q

« Je vis seul avec mon chien de race croisée de deux ans. Idéfix est un merveilleux compagnon et, en général, il est sociable, mais il manque d'assurance quand il y a trop de monde autour de lui ou juste une personne qu'il ne connaît pas. Il vient alors me retrouver, apparemment pour que je le rassure. Il se faufile entre mes jambes, me donne des coups de tête ou cherche même à monter sur un meuble pour me lécher la figure. Pourquoi manque-t-il autant de confiance en lui ? Qu'est-ce qui se cache derrière ce comportement ? Y a-t-il moyen de le corriger ? »

R

Idéfix paraît très troublé dans les situations qui sortent de l'ordinaire. Tout porte donc à croire qu'il a raté certaines étapes de socialisation qu'il aurait dû vivre quand il était encore un chiot. Vous pouvez l'aider à se sentir plus à l'aise, mais il est peu probable que vous transformiez ce chien timide en un animal extraverti.

    Tout d'abord, demandez-vous ce que vous faites quand Idéfix vient vous coller. Probablement que vous avez le réflexe de le caresser et de chercher à le réconforter. C'est une réaction très humaine, mais ça ne l'aidera pas à accroître sa confiance en lui ; ça pourrait même avoir l'effet inverse. Lorsque vous le rassurez, vous lui envoyez un double message : (1) il a raison d'avoir peur (après tout, vous prenez acte de ce qui le préoccupe) et (2) vous aimez qu'il se conduise de cette façon (car vous lui donnez de l'attention et faites toute une histoire de son état).

Nous vous recommandons plutôt de faire du renforcement positif. Supposons, par exemple, qu'Idéfix accueille un visiteur qu'il ne connaît pas (sans doute plutôt nerveusement). Arrangez-vous pour que cette personne lui donne une gâterie. **En fait, vous devriez toujours avoir une réserve de friandises près de la porte d'entrée ; ainsi, tout nouvel arrivant pourra en prendre et en répandre par terre pour attirer Idéfix.** Lorsqu'il s'approchera de la personne, celle-ci pourra alors le flatter calmement.

Par ailleurs, ignorez ses demandes de réconfort. Ne récompensez pas sa timidité par de l'attention. Les premiers temps, cela vous semblera étrange ou même mesquin, mais c'est la façon d'enseigner à votre chien que dans une situation inhabituelle, la timidité ne rapporte rien, tandis qu'un comportement plus hardi peut lui valoir des friandises et des félicitations. Probablement qu'il tentera de se montrer plus brave.

✱ IL EST NATUREL DE RASSURER UN AMI, mais si vous faites la même chose avec un chien, vous lui dites qu'il a raison d'être nerveux.

POURQUOI MON CHIEN EST-IL AUSSI OBSÉDÉ PAR SES JOUETS ?

Q

« Je suis propriétaire d'une femelle Jack Russell Terrier de deux ans. Sheila adore s'amuser avec des jouets rigides qui couinent. Elle gronde après eux, les secoue, les lance dans les airs ; mais elle a beau les malmener, elle les protège et il n'est absolument pas question qu'on y touche. Cette attitude et l'intensité de son jeu commencent à nous préoccuper un peu. Pourquoi est-elle si possessive et en même temps si féroce avec ses jouets ? Pouvons-nous corriger ce comportement ? »

R

Sheila est féroce avec ses jouets parce qu'elle assume le rôle dont elle a hérité. À l'origine, les jack russel terriers étaient élevés pour chasser ; si nécessaire, ils poursuivaient leurs proies – rats, lapins, renards – jusque dans leurs terriers, et les débusquaient ou les achevaient sur place. Ce n'est pas pour rien que ce sont des chiens tenaces, obstinés et indépendants. Et les propriétaires de jack russell ont intérêt à s'atteler à l'entraînement s'ils veulent contrôler la personnalité pour le moins dynamique de leur animal de compagnie.

Ce que vous voyez lorsque Sheila attrape son jouet, le fait couiner à répétition et le secoue furieusement, est une représentation de mise à mort typique du terrier. Si elle chassait, elle saisirait sa proie par la nuque et la secouerait rudement pour lui briser le cou. Et elle met autant d'énergie à jouer qu'à chasser.

    Puisque les jouets de Sheila lui procurent autant de joie, il n'est pas surprenant de la voir les protéger comme elle le fait. Vous n'avez pas à vous inquiéter de l'intensité de son jeu ; c'est dans sa nature. Mais si vous voulez réprimer son réflexe de possessivité, habituez-la à l'idée d'échanger ses jouets. Prenez-en quelques-uns avec vous, puis faites-en couiner un pendant qu'elle est en train de s'amuser avec un autre. Elle accourra pour s'en emparer. Laissez-la faire, mais attrapez celui avec lequel elle jouait. Elle voudra vous le reprendre. Rendez-le-lui immédiatement, mais prenez-en un troisième et recommencez la manœuvre. Remettez-lui le jouet qu'elle a abandonné dès qu'elle se met à le chercher. Vous lui enseignerez ainsi que si elle laisse aller son jouet, elle pourra le ravoir, en même temps qu'un autre. Faites cet exercice quotidiennement.

✻ LA PLUPART DES CHIENS TIENNENT À LEURS JOUETS, mais on doit les empêcher d'en faire une obsession.

POURQUOI MON CHIEN EST-IL SI MALHEUREUX EN PRÉSENCE D'ENFANTS ?

Q

« Nous n'avons pas de jeunes enfants à la maison, mais plusieurs de nos amis en ont et ils nous rendent souvent visite. Jessie, notre border-collie, aime beaucoup les tout-petits ; elle les pousse doucement pour les rassembler comme elle ferait avec un troupeau. Par contre, sa fille Jodi semble terrifiée par les enfants. Dès qu'elle en voit, elle se cache derrière un meuble ou file dans une autre pièce, et elle est malheureuse tant qu'ils n'ont pas disparu de la maison. Pourquoi mes deux chiennes sont-elles à ce point différentes et pourquoi la cadette réagit-elle aussi fortement ? »

R

Les enfants, et particulièrement les jeunes enfants, ont beaucoup de traits qui peuvent déranger les chiens. Les tout-petits, par exemple, ne respectent pas l'espace vital d'autrui et, la plupart du temps, ils communiquent en poussant des cris aussi aigus qu'imprévisibles, deux choses très pénibles pour le chien. De plus, les enfants en bas âge arrivent à peu près à la hauteur de la face du chien, et ils peuvent très bien le fixer avec fascination, ce qui risque d'être compris comme une attitude de défi par l'animal. Enfin, ils n'hésiteront pas à agripper un chien à leur portée.

Compte tenu de tous ces facteurs, il est normal que certains chiens n'aiment pas les enfants ; en fait, il est étonnant que certains chiens aiment les enfants ! Jessie et Jodi sont à l'opposé l'une de l'autre : l'aînée apprécie les tout-petits car ils lui rappellent les troupeaux qu'elle est programmée pour rassembler, tandis que la cadette les déteste probablement pour les raisons évoquées plus tôt.

Pourquoi certains chiens tolèrent-ils bien les enfants ? Les avis sont partagés. D'une part, on croit que c'est à cause de leur race. Ainsi, les chiens de berger, comme les border collies, aiment bien avoir à leur disposition des créatures relativement petites à rassembler et à gérer. On soupçonne également que les chiennes qui ont élevé des portées de chiots prennent les enfants pour de jeunes animaux dont elles peuvent prendre soin.

Mais rien de tout cela n'explique pourquoi Jodi craint les enfants. Quoi qu'il en soit, soyez indulgent avec elle, et évitez de la mettre en contact avec des enfants qui sont trop jeunes pour savoir comment la respecter. Et surtout, ne la laissez jamais seule avec des enfants sans surveillance.

✱ **SI VOTRE CHIEN A PEUR DES TOUT-PETITS,** il vaut peut-être mieux éviter de les mettre en contact. Mais surtout, ne laissez jamais de jeunes enfants poursuivre un chien timide. Il risque de se sentir piégé et de mal réagir.

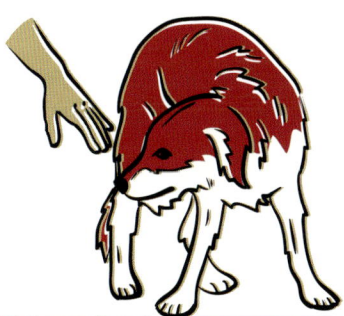

POURQUOI MON CHIEN EST-IL DÉCHAÎNÉ QUAND ON SONNE À LA PORTE ?

Q

« Lilou a toujours été excité quand il entendait sonner à la porte, mais depuis quelque temps, il n'est presque plus tenable. Il se précipite vers l'entrée avant moi, il aboie et il saute sur les gens. C'est insupportable. Et même si je sais qu'il est complètement inoffensif, il est tellement fatigant et il fait tellement de tapage que nos amis qui ne sont pas trop amateurs d'animaux se sont mis à avoir peur de lui. Pourquoi fait-il cela et comment pouvons-nous l'entraîner à être poli avec nos visiteurs ? »

R

C'est peut-être une maigre consolation pour vous, mais sachez que presque tous les chiens deviennent surexcités quand on sonne à la porte ; c'est un problème de discipline canine extrêmement courant. **La plupart des chiens voient la porte d'entrée comme le point d'accès à leur territoire domestique et comme un endroit important pour toute la maisonnée ; après tout, vous accourez dès qu'on sonne à la porte, non ?** Lilou ne fait que réagir à ce qu'il perçoit comme de l'enthousiasme chez vous. Pendant un temps, il vous a suivi, maintenant, il prend les devants.

Probablement qu'avant d'ouvrir la porte d'entrée, vous lui criez après pour lui ordonner de se taire. Or, de son point de vue, vous jappez, ce qui le fait redoubler d'ardeur. Plus vous ferez du bruit en le réprimandant, plus il en remettra. Tout ce qu'il entend c'est qu'il a de bonnes raisons de s'exciter !

Une solution consiste à apprendre à Lilou à se rendre dans une autre pièce lorsqu'on sonne ou qu'on cogne à votre porte. Pour l'attirer, offrez-lui une friandise qu'il adore. Assurez-vous d'avoir la collaboration d'un ami les premières fois que vous ferez cet exercice, cela vous facilitera les choses. Une fois que Lilou aura eu sa friandise (idéalement, toujours au même endroit), amenez-le à la porte d'entrée avec vous et demandez-lui de s'asseoir avant d'ouvrir.

Vous devez faire preuve d'une cohérence absolue dans cet entraînement pour que votre chien finisse par associer le bruit de la sonnette ou des coups frappés à la porte au morceau de foie dans l'autre pièce. Vous devez aussi avoir une réserve de gâteries. Mais vous verrez qu'avec de la patience, vous arriverez à briser le cercle vicieux de l'excitation.

* **GARDER LA MAISON EST CRUCIAL** pour votre chien. Il faut bien que quelqu'un surveille le territoire.

AUTRES ESPÈCES

La protection du territoire est un comportement très répandu dans le règne animal. Mais les méthodes varient beaucoup. Ainsi, il y a la méthode brutale du gorille qui se frappe furieusement la poitrine et, à l'opposé, la méthode élégante du lézard anolis dont le fanon rose bonbon se gonfle orgueilleusement. Beaucoup d'animaux ont un penchant – conscient ou non – pour l'esbroufe.

POURQUOI MON CHIEN INSISTE-T-IL POUR S'ASSEOIR LE PLUS HAUT POSSIBLE ?

Q

« Malika est une petite chienne de race croisée de cinq ans. Elle est futée et facile à vivre, et elle a toujours semblé aimer notre bébé qui vient tout juste d'avoir un an. Elle ne nous a jamais inquiétés sauf que depuis quelque temps, elle insiste pour s'asseoir sur les fauteuils et les canapés. Ce n'est pas un problème en soi, sauf que si l'un de nous prend place dans un fauteuil, elle essaie de grimper plus haut : sur le bras ou même le dossier. Elle en fait une véritable obsession. Est-ce que ce comportement a à voir avec son statut ou s'agit-il de toute autre chose ? »

R

C'est une situation plus compliquée qu'il n'y paraît, et il est difficile de répondre de façon fiable à votre question sans avoir vu Malika en action. Il est probable que son obsession a effectivement quelque chose à voir avec sa perception de son propre statut. Mais nous nous sommes aussi demandé si votre bébé, qui bouge probablement beaucoup, n'était pas un autre élément à prendre en compte. Comme nous l'avons mentionné dans les chapitres précédents, certains chiens sont très conscients de leur rang, et ils voient le moindre changement dans leur environnement comme une occasion de monter dans la hiérarchie.

Soit Malika tente de se hisser littéralement dans la structure familiale – en grimpant de plus en plus haut sur les fauteuils et canapés – soit elle essaie d'exprimer quelque chose de plus subtil. En se mettant à marcher, votre bébé a probablement troublé l'environnement habituel de votre chienne. Par son étrange escalade, il se peut qu'elle envoie un message contradictoire : elle débarrasse le plancher pour ne pas gêner bébé, mais en même temps elle veut s'assurer que sa place dans la famille n'est pas menacée.

Chaque fois qu'un animal agit de manière conflictuelle, il vaut mieux resserrer les règles de discipline ; la plupart du temps, ça le rassure. Si par exemple, vous tenez votre bébé assis sur vous, veillez à ce que Malika reste par terre ; au besoin, rappelez-lui les ordres de base (Assis !, Reste !) et récompensez-la lorsqu'elle obéit. Mais ne laissez jamais, au grand jamais, votre bébé seul avec votre chien.

On peut enseigner à un enfant plus âgé à respecter un chien, mais pas à un bébé. Le vôtre ne s'empêchera pas d'agripper Malika. De plus, à cause de sa petite taille, il peut la regarder directement dans les yeux, ce qui sera complètement déconcertant pour votre chienne. Soyez vigilant ; accordez suffisamment d'attention à Malika et faites-lui faire des exercices d'entraînement. Tôt ou tard, son obsession diminuera.

* PEUT-ÊTRE QU'IL NE FAIT QUE S'ASSEOIR CONFORTABLEMENT. Mais peut-être aussi qu'il cherche à grimper dans la hiérarchie domestique.

POURQUOI MON CHIEN ANGOISSE-T-IL À CE POINT QUAND JE QUITTE LA MAISON ?

Q

« Barnabé est un chien de chasse croisé de quatre ans. Il n'a jamais vraiment aimé être seul ; il gémit et fait tout un tas d'histoires quand je quitte la maison. Mais, depuis un an environ, on dirait qu'il se laisse submerger par son angoisse. Plus d'une fois j'ai constaté qu'il avait déchiré un coussin ou mâchonné un soulier ou détruit autre chose pendant mon absence. Et il devient pratiquement hystérique quand je rentre. Pourtant, je ne le laisse pas souvent seul, car je travaille à la maison. Je sors deux ou trois heures le soir, c'est tout. Est-ce que je peux l'aider ? Et d'abord, pourquoi est-il plus angoissé qu'avant ? »

R

L'angoisse de la séparation est un phénomène courant, et il y a plusieurs théories pour en expliquer les causes sous-jacentes. Certains experts croient que cette névrose est typique du chien qui aspire à être chef de meute : il souffre de n'avoir aucun contrôle sur les faits et gestes de son humain qui, non seulement disparaît, mais ne se laisse pas dominer. D'autres pensent que l'angoisse canine vient simplement du fait que le chien s'ennuie quand il est seul.

Il est plus ou moins facile d'apaiser ce malaise chez un animal ; tout dépend de sa personnalité. Il se peut que vous soyez obligé de recourir aux services d'un professionnel pour venir à bout du problème de Barnabé, mais auparavant, essayez les stratégies suivantes.

Tout d'abord, **ne confirmez pas le sentiment d'angoisse de Barnabé en tentant de le rassurer avant de sortir et en lui faisant toute une fête à votre retour. En vous voyant agir de la sorte, il pensera qu'il a raison de s'en faire.** Sortez calmement en lui laissant quelque chose d'intéressant à faire; avec un jouet Kong rempli de gâteries au foie, il aura de quoi s'occuper et ne pensera pas à déchirer les coussins. À votre retour, saluez-le tranquillement et ne tenez pas compte de son accueil délirant. Si possible, refaites-lui faire des exercices de dressage qui l'obligeront à se concentrer.

Vous pouvez également bousculer votre routine de sortie. Ne sortez que pour une minute, puis revenez. Ou alors, mettez votre manteau, mais ne sortez pas. Il s'agit en fait de déconcerter Barnabé, de faire en sorte qu'il n'ait plus d'attentes. En éliminant ou en altérant les éléments qui déclenchent son angoisse, vous l'aiderez à se calmer.

✶ AUCUN CHIEN N'AIME la solitude, mais pour certains, elle est absolument intolérable.

AUTRES ESPÈCES

Ce ne sont pas seulement les mammifères ou les animaux relativement évolués qui souffrent d'angoisse. Ainsi, des études ont démontré qu'une réaction chimique particulière se déclenchait dans l'organisme de l'escargot lorsqu'il anticipe une série de petits chocs. Il ne se calme qu'après avoir passé beaucoup de temps à brouter des algues en toute quiétude.

POURQUOI EST-CE QUE JE DEVRAIS DOMINER MON CHIEN ?

Q

« J'ai l'intention de dresser moi-même Adrien, le petit boxer dont je viens tout juste de faire l'acquisition. Je n'ai eu aucun problème à entraîner mes deux derniers chiens. Mais ils n'ont jamais été aussi obéissants que le boxer de mon voisin, une femelle de trois ans. Il faut dire que cet homme est très porté sur la discipline, et même s'il ne va pas jusqu'à battre sa chienne, il la traite assez durement. Il dit qu'il faut dominer l'animal et lui montrer qui est le maître, sans quoi on ne peut pas s'y fier. Je préférerais ne pas être aussi sévère. Ai-je tort ? Est-il vraiment nécessaire de dominer son chien ? »

R

Non, ce n'est pas nécessaire. Qu'il soit sévère ou non, ce n'est pas votre style d'entraînement qui fera qu'Adrien vous respectera comme chef. Vous connaissez sans doute des gens qui n'ont pas besoin d'élever la voix pour se faire écouter ; c'est le genre d'influence que vous voulez avoir auprès de votre chien. **Les animaux de compagnie vivent dans un monde régi par des règles humaines, et il faut les aider à les comprendre et à les assimiler.** La méthode de votre voisin était monnaie courante il y a 20 ou 30 ans, mais aujourd'hui, on s'intéresse davantage à la psychologie canine et à la façon dont les chiens voient les humains.

Il n'est pas nécessaire de crier après un chien, de le pousser ou de le tirer pour le dresser efficacement. La communication inter-espèces demande un peu plus de travail, mais dans la plupart des cas, le chien accepte de se soumettre au leadership de son maître, à condition que celui-ci lui enseigne les règles à suivre avec soin, patience et cohérence. Un chien qui a peur de son maître parce que celui-ci l'a entraîné avec brutalité peut être très obéissant. Mais leur relation ne sera jamais aussi heureuse que celle qui se développera sur la base d'une discipline exercée avec calme et entrain. Or, pour la plupart des gens, le plaisir de posséder un chien repose justement sur la bonne entente.

Ne tenez pas compte des conseils de votre voisin. Fiez-vous à vos connaissances et à votre instinct. Ce sera beaucoup plus profitable pour vous comme pour Adrien.

✶ **VOUS N'AVEZ PAS BESOIN DE LE DOMINER** pour exercer votre leadership ; la plupart des chiens se soumettent mieux à une discipline joyeuse et confiante qu'à la rudesse.

**DÉJÀ PARU
DANS LA MÊME COLLECTION**

CATHERINE DAVIDSON

MON CHAT CHEZ LE PSY

50 COMPORTEMENTS INTRIGANTS
expliqués aux amoureux des félins

Les Éditions
Transcontinental

Les réponses et les conseils contenus dans ce livre se rapportent à des cas particuliers et ne doivent pas se substituer à l'avis d'un vétérinaire. Si vous avez des craintes concernant la santé de votre chien ou son comportement, n'hésitez pas à consulter.